U0682300

张小蔓

／

作品

不问过往，
不惧前行

Bravery never goes out of fashion.

青岛出版社
QINGDAO PUBLISHING HOUSE

图书在版编目（ＣＩＰ）数据

不问过往，不惧前行 / 张小蔓著. -- 青岛 ：青岛
出版社，2017.8

ISBN 978-7-5552-5564-2

Ⅰ．①不… Ⅱ．①张… Ⅲ．①散文集－中国－当代
Ⅳ．①I267

中国版本图书馆CIP数据核字(2017)第159560号

书　　名　不问过往，不惧前行
著　　者　张小蔓
出版发行　青岛出版社
社　　址　青岛市海尔路182号 （266061）
本社网址　http://www.qdpub.com
邮购电话　010-85787680-8015　　13335059110
　　　　　　0532-85814750（传真）　　0532-68068026
责任编辑　郭林祥
选题策划　李文峰　　崔　悦
特约编辑　崔　悦
版式设计　李红艳
印　　刷　三河市南阳印刷有限公司
出版日期　2017年8月第1版　　2017年8月第1次印刷
开　　本　32开（880mm×1230mm）
印　　张　9
字　　数　150千
书　　号　ISBN 978-7-5552-5564-2
定　　价　38.00元

编校质量、盗版监督服务电话　4006532017
青岛版图书售后如发现质量问题，请寄回青岛出版社出版印务部调换。
电话：010-85787680-8015　0532-68068638

　　众生皆苦，没有人会被命运额外眷顾，如果你活得格外轻松顺遂，一定是有人替你承担了你该承担的重量。

幸福是哭时有人疼、累时有人靠、病时有人陪，是拥有一个爱自己、懂自己的人，不管他有多少能力，总是把最好、最多的留给你。

　　人生在世，如身处荆棘之中，心不动，人不妄动，则不伤；如心动，则人妄动，伤其身痛其骨，于是体会到世间诸般痛苦。

没有遇到"高富帅"之前，我们要真诚，迟早有一天，这个世界会动容。也许为你动容的不是"高富帅"，但也要坚持，不要"破罐子破摔"。

　　迟早有一天，你会发现，乐观是你的左膀，真诚是你的右臂，缺一项你都是残疾的。

你不努力就要遭受万箭穿心的待遇。

没有看起来毫不费力的人，所以，请收起你的"穷人"心态，继续朝前。

　　生活呀，越往后走，越会发现荆棘丛生，但我们就是要在荆棘中笑起来，这就是最大的本事。

目录·CONTENTS

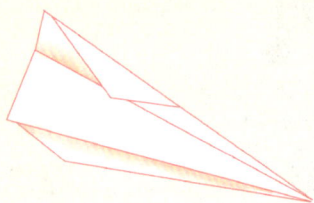

目录·CONTENTS

目录 · CONTENTS

不问过往，不惧前行

Bravery never goes out of fashion.

第一篇

婚姻篇之『好婚姻里的男女都很美』

婚姻里，最怕这种男人

（一）

前段时间，我们出差，坐动车，有一对夫妻坐在我对面。感觉百无聊赖，对面几个人就喊这个男人去玩双升。

过不一会儿，女人头上开始冒出密密麻麻的汗，一滴一滴从头上掉下来。到后来，她抱着肚子开始痉挛，可能是来"大姨妈"，身体不舒服。

我给她倒了一杯热水，让她喝下。

这个时候，她的男人还在那儿无动于衷地打扑克。女人嘴唇开始苍白，我问她："你平时来'大姨妈'就这样痛吗？"

她连回答的力气都没有，咬着嘴唇，蜷缩成一团，最后实在难受，还跑到卫生间呕吐。不大一会儿回来，她前额的发已经稀稀拉拉掉在唇边，她也顾不上打理，眼睛微眯着，依然蜷缩成一团。

我用手指捅了一下她的男人："喂，你媳妇不舒服。"

那男人瞟了我一眼，继续玩扑克。

因为我常年写作，会偶尔头痛，出门总随身携带着阿咖酚散，于是我从包里拿出一包递给她，说："这是止头痛的，不知道止不止其他痛，要不你先喝上，这车程还这么远，你坚持下来会很难受。"

女人听了我的话，喝了一包。

不一会儿，她的汗珠慢慢地退去，精神也稍微好起来，喝了几杯水看着窗外，慢慢地跟我说："暑期我们回去看儿子，我们在外面打工，儿子留守在家里上学。"

在整个过程中，她的爱人看都没有看她一眼，一直在对面玩扑克。扑克重要，还是媳妇重要？也许对于一个中年大叔来说，媳妇已经不重要了，痛不痛，自己都能照顾自己了，又不是新婚宴尔。

可是，一个女人，在这样的状态下，她需要的是关爱，这是一个男人最基本的教养。

下车的时候，女人拿了行李，男人嘴里还在嘟囔："真倒霉，输惨了。"

（二）

前段时间，我一个朋友的亲戚，一个女人，住院了。

朋友去医院看亲戚，回来跟我讲，这个亲戚真是倒霉。嫁了一个男人，这男人成天好高骛远，想着自己这辈子娶了这个女人是倒霉了，不旺夫，所以他一直没有升官发财的机会。

女人开了一家早餐店，卖油条、豆浆、小笼包等，生意还算不错，需要人手。

她就喊老公来帮忙。男人成天游手好闲，说："这能赚几个钱。"

生意忙的时候，她连上厕所都顾不上，而这个哥们儿还在外面玩。

卖了几年早餐，在城里买了一套小型住房，也还算不错，女人扩大店面，把对面一个小店也承包了下来，还跟娘家人借了一些钱。

近两年生意不错，借的钱都还了，还攒下一小笔。

这个男人一直在外面，东走走，西走走，说是联系个大业务，找个团队干一番大事业。他心心念念攒下一笔钱，先买辆车子。

（三）

他一直觉得自己是一只鸿鹄，落在了燕雀的窝里。

女人因为忙生意的事情，也顾不上每天和他斗嘴吵架，心想，任他去瞎忙吧，在身边待着也嫌烦，生意帮不上忙，还游手好闲，来回穿梭，看着就心烦。

谁知道，男人用家里攒下的几万块钱买了一辆小车，玩起了成天不回家的游戏。

因为每次一吵架，女人就睡不好，要早起，还晚睡，所以，她为了息事宁人，很少管男人。

前几天，她居然听说男人带一个年轻的女人回过家，而且两个小时后，两人一前一后出了门。

女人就留了个心眼儿。在第二天早上7点～9点，早餐店生意最忙的时候，她回了家。正巧赶上他男人和一个女人赤身裸体地躺在自己的床上。

那一刻，她真是傻眼了。

事后她提出离婚，没有想到的是，男人居然说，离婚就离婚，谁怕谁，他这辈子本来能干大事业，结果她这个扫把星挡了他的发财之路，一点儿都不旺夫。

女人一听这话，跟男人大吵了一顿，后来身体就一直不舒服，住院了。

所以，找男人要找家教、找修养、找人品，不是找相貌。

这件事情谁听了都会生气，我现在也生气得想提刀。好高骛远的男人很多，他们总觉得不得志，没有机会赚钱，不知道生活都是踏踏实实，一步一个脚印地去走，身边的小事做不了，大事也干不了，就连媳妇在外面赚钱，都不稀罕帮忙打理家务，觉得委屈自己。

一说让他去玩女人，浑身打了兴奋剂似的，觉得是自己事业中最风光的一步。

都说婚姻就是个祭坛，我们唯一看到的祭品，就是女人。

（四）

近年来，生意不景气，我一个做床上用品生意的伙计最近关门大吉了。前些年生意好，他赚了钱。后来由于网店把实体店挤兑得没法干了，他的生意便越来越不好，甚至赔着干了半年，最后实在干不下去，他终于决定不干了。

关门之后，他一直找不到合适的工作，就待在家里。

刚好赶上老婆生了二胎，他们一家跟丈母娘住一起，生活起居很是不便。

当初两家人家庭条件都不好，就凑合着过在一起了。女方家里是农村的，后来男人做生意赚了钱，就在城里买了一套房子。

现在丈母娘过来伺候月子，男人就嫌不方便。有一次，丈母娘在上厕所，没有锁门，也没有开灯，男人迷迷糊糊睁开双眼，一进厕所，看到有人蹲在马桶上，就大吼一声："你干吗不开灯啊，你钟馗捉鬼呢。"

可能由于嗓门儿大，丈母娘也吼道："我不是为了节约吗？"

男人气不打一处来，吼道："你节约了啥？你跟我说说，你节约了啥？这房子、这吃穿，都是我拼死拼活赚来的，不是你节约来的。"

老人就说："你嫌我在住不惯，我明天就走人。"

老人走了之后，媳妇跟老公吵了几天，剩下的活儿就都归了男人：给娃换尿布，给娃冲奶，给娃洗澡，给娃洗尿布。

干了几天，男人就嫌烦了，把尿布扔了一地，骂骂咧咧地跟媳妇说："你不就是坐个月子吗？怎么就跟太上皇一般，有那么娇吗？"

女人说："好多病都是月子里落下的，我生老大那会儿，没有照顾好自己，现在身体都不舒服呢。你把我妈撵走了，你就得伺候我。"

男人却不伺候，跟一帮哥们儿出去喝酒了。

他不知道，这些年，他忙生意，家里大大小小，小到芝麻大的事情，都是女人在做，尤其是生了二胎的女人，很是不容易。他以为饭就该是到点就准备好的，他以为沙发铺一次，就一年都不用动，他以为马桶常年都是干净的，他以为孩子顺着长就长大了，他以为茶几不动就一直会一尘不染……

他永远不知道，一切都是因为有一个人在默默地付出。他还觉得自己在外面有压力了，可以肆无忌惮地向女人发火，觉得生意不景气，有闷气，就朝家人发。

都说即使在婚姻里，女人也不能丧失自我，可面对这样的男人，丧失自我已经是在所难免，这样的男人，就是有本事让你一秒变泼妇。

（五）

我曾经无数次以为，好女人，永远不会在婚姻里丧失自我。

可你不得不承认，在有的婚姻里，对方不断从你身上拔掉一根根光洁的羽毛。光秃秃的你，是无法耐心地一片一片拾捡羽毛的。

一个离了婚的朋友跟我说："你是没碰到这样的男人，碰到这样的男人，你也没有办法。"

遇到这样的男人，如果你是个喷泉，他就是个塞儿。

叔本华说过，监狱里最大的坏处就是监狱里的其他犯人。很多不幸的婚姻正是这样一个双人牢房，在这种婚姻生活中，夫妻相互成为对方的刑具，他们之间除了永无休止地相互折磨和内耗，别无其他。

都说鲜花插在牛粪上才香，可鲜花陷进牛粪，还香吗？

嫁给这种男人，很舒服

（一）

去年，我妈妈颈椎不舒服住院治疗，邻床来了一个三十多岁的女病号，旁边站着她的老公和妈妈。

过不大会儿，丈母娘对她的女婿说："别在这儿站着了，你去看看化验单出来了没有。"

男人就出去了。约莫半个小时，男人回来了，问："化验的什么？化验室在哪里？"

丈母娘白了他一眼说："你看着小芳，我去拿。"

不到十分钟，丈母娘就拿来了。

上午输液的时候，丈母娘跟女婿说："你去问问护士，这都10点了，怎么还没有来输液呀。"

女婿去了五分钟左右回来，说："护士站没有一个人哪。"

丈母娘出去约莫三分钟，后面跟着一个护士，端着输液的药进来了。护士走了之后，男人对丈母娘说，刚才在前台没有一个护士。丈母娘说："808号刚进来一个重症患者，一大堆医生都在那个房间，我就进去问了问，一个护士就跟着我出来了。"

中午吃饭的时候，丈母娘说："你去打饭吧，饭打回来，小芳正好输完液。"

男人就去了。

回来的时候，提了满手饭菜。丈母娘说："你怎么不在外面吃了？回来带两份就好了，咱们来得急，又没有拿碗筷。"

后来，他们只好就着塑料袋吃起来。丈母娘一看："怎么都是荤菜？小芳现在不能吃荤菜。"

男人说："我喜欢吃，给我就是了。"

第二天，又搬来一床病人。

那家是婆婆住院，儿子跟媳妇照顾。

他们家全部是儿子一手操办。男人还把停车位、饭店、陪床用的租临时床的电话都铭记在心，以便晚上陪床。就连临床都问他要了租临时床的电话。几天下来，他还跟大夫非常熟络。住院几天，跟其他病人及家属也都熟络了。

后来才知道，先进来那家，女婿在塑化厂上班，工资一个月一千五百元，生活很拮据，他为人很节约，很朴素，很一般。

后进来那家，儿子干的火锅生意，还干一些送货之类的营生，家境还算不错，每天开着一辆价值十五万的车子来医院。

你会发现，智商，真的，不是全部吧，也相当大一部分决定了一个人的生活质量。

（二）

我跟老公回老家，有时候坐长途大巴，会遇见两对跟我们去同一个地方的夫妻。

其中一对夫妻的男方，就会一路跟我老公谈天说地，天南海北，谈得很兴起。

他偶尔还跟坐在他旁边的媳妇说，现在到了商丘，现在到了哪里哪里，快到收费站了，快到哪里哪里了，路线门儿清。

另外一对夫妻的男人，闷不作声，一路上除了睡觉，就是问媳妇到了没有哇，还说真是很烦哪，然后继续睡觉。

到了加油站下车，健谈的男人就去倒水，一路上连那里的站长啊服务员啊，都能聊上几句。

另外一个男人，下车尿一泡，就说一句："真烦哪，还没有到。"就又睡。

一路上，健谈的男人会问司机回来的时候如何坐车比较方便省钱，从哪个口进站。

下车的时候，旁边有一堆出租，出租车司机会拍着他的肩膀道："老哥，又一年了呀，回来了，还算你去年的价位，本来今年都涨了，就不给你涨了。"

很快，他就坐上了车。

另外一个男人，拦一辆，人家跟他要个高价，再拦一辆，人家还是跟他要个高价。最后他给一个熟悉的朋友打电话让人家来接他，可能对方有事来不了，他挂了电话，骂骂咧咧道："狗屁朋友，一年没有见面了，都舍不得来接老子。"

然后，火急火燎地带着媳妇走很远的路去坐公交车。

（三）

前几年，我有个朋友结婚，喊了好多人去。

其中一对夫妻，男人比女人小五岁。一进屋，女人就把男人扔在一边说："那边都是男嘉宾，你去跟他们打招呼，认识一下，我去跟我的女闺密聚聚。"

男人说："我又不认识他们，怎么打招呼？"

女人说："打了招呼不就认识了，再说，一会儿我们一帮姐妹要陪着新娘忙前忙后，我哪里顾得上照顾你。"

男人说："早知道我就不来了。"

过不一会儿，传来一声巨响，我们都惊呆了。那男人没有去打招呼，而是自个儿玩起了新娘子用来减肥的弹跳球，踩在上面，蹦很高，然后落下来。男人本就人高马大，重心不稳，一弹跳起来，把自己摔了个狗吃屎不说，还把新郎送给新娘子的一个贵重礼物给打翻在地，摔得粉碎。

当时，我们一屋子的伴娘都傻眼了。

女人上前就吼道："叫你去跟别人打个招呼，你一个人来这里玩什么呀！你看看，现在怎么弄。"

男人重复刚才的话："我跟他们不认识，我怎么跟他们打招呼？"

另外一对夫妻的男人（B男）听到屋里有情况，进来看到此情形，笑道："大喜的日子，'碎碎平安'，大家都高高兴兴来，高高兴兴走哇。"

然后，拽着那个"摔男"（且称A男）就去外面跟一帮男嘉宾打招呼。

坐席的时候，A男不断过来问自己的女人："啥时候散场啊？"

（四）

B男在酒桌上，可能有好多老熟人，也有不认识的，他举起酒杯，喝了两口，扯开嗓子说："既然今天是新娘新郎的好日子，我就给大家讲个荤段子，都是大男人，不要介意呀。"

一桌子人边吃边喝说："就等你这道菜呢。"

B男就讲："有一个花花公子娶了一个乡下姑娘，新婚之夜送入洞房不久就被抬去急诊，婆婆就问：'你们到底发生了什么？'新娘说：'我不知道，他叫我吃他。我想用手抓来吃不礼貌，就去厨房拿筷子，可是又担心我拿筷子吃他会嘲笑我粗俗、不体面，我就换了一副刀叉……'"

在场的人都笑喷了。

然后 B 男的媳妇就过去问："你们笑啥呢？笑得这么'嗨'。"

在场的一个男的就递给 B 男媳妇一副刀叉笑道："你不会用筷子，就用刀叉吧。"

女的朝她的男人白了一眼，然后面对大家说："别听他瞎扯淡。"

那会儿他们在农村老家办的宴席，所以结束时大家出来坐车回城不是很方便。

B 男当时就开着一 20 万的轿车，对于那会儿刚结婚的我们来说，也算起步比较早的人了。

我跟 A 男和 A 男媳妇，以及另外一个男士，就坐他的车回城。

路上，B 男媳妇非要问席间讲了什么笑话，让她无故得了一副刀叉。后面坐的男士就把刚才的笑话重新讲了一遍。

B 男朝媳妇看了一眼说："都一帮大老爷们儿，在一起讲讲这些很正常。"

然后他讲了一路有意思的事情，一路开开心心的。

A 男闷不作声地坐了一路。

A 男家境非常不好，而且到后来，我们个个奋斗得都差不多的时候，他在市里还是租房子。

（五）

在颜值的时代，颜值真的很重要，但情商也非常重要。

因为生活就是鸡毛蒜皮的事情太多，我们都是饮食男女，没有一个人可以不食人间烟火地活一辈子。

众生皆苦，没有人会被命运额外眷顾，如果你活得格外轻松顺遂，一定是有人替你承担了你该承担的重量。

就如那句话，哪有什么岁月静好，不过是有人替你负重前行。

也许我们一辈子不求达官显贵，但男人的情商高了，真的会轻松很多，这就是现实。

到一定年龄，你就会悟到：生活凭的就是情商，情商不高，过日子会过得比较艰难，除非你父辈为你有所积蓄。

前段时间，有个朋友被扣了驾照，他媳妇给他找了熟人，可以少交点儿罚款。

就这么简单的一件事，男人去了，找不到媳妇给他联系的那个熟人，好不容易找到了，人家正在处理一件重大交通事故，就又开始在那里等。等到晚上，他喏喏地问："我的驾照可以还给我了吗？"

那个交警一看此人，就叫他明天去。

第二天，媳妇五分钟就把驾照拿回来，解决了此事。他媳妇办事一向干练果断，处事娴熟。当初就是冲着这个男人老实，会一辈子对她好，才嫁给他。

后来才知道，人好有什么用，家里啥事都离不开女人。

先不说他不是"高富帅"，人家"高富帅"，生活一旦有变故，有家里的老爷子给担着，可对任何一对平凡的夫妻来说，在颜值和情商上做选择的话，情商绝对是至关重要的。

另外一个朋友，去年刚买了一辆车，刚上路就跟别的车发生了两次碰撞，虽然已经上了车险，但是两次事故理赔都是她老公一手给她办理，还很快跟交警队的人交上了朋友。他开玩笑地跟老婆说："像你这开车技术，我还是准备多交几个交警朋友吧。"

同样一件事，情商高的男人能让女人少操不少心，情商低的，会让女人一夜变大妈。

女人的美貌在男人那里有多么走俏，男人娴熟的处事风格在女人这里就有多么吃香。

学会技巧，便会避开所有拥挤。

那不是爱，是套路

（一）

一个朋友跟我描述了她的近况。她跟老公的婚姻，也是所有婚姻的模式，到了该结婚的年龄，父母催得厉害，就匆匆相亲，顺理成章地结婚。

婚后生活很平淡，老公很闷。他们每天就是上班下班，看电视，睡觉，也没有什么共同话题，偶尔会聊聊电视剧。

夫妻生活每周一次，但都是例行公事，她根本没有兴趣。老公脾气很倔，总是因为一点儿小事便吵起来，每次他都以青筋暴满额头吓退她。

两人的生活就是这样不咸不淡地持续了好多年。

可同学聚会，朋友遇到了他，曾经在学校追过她的他。现在的他变了，同学会中他风趣幽默，事业有成，人收拾得很精干，比以前更成熟，有味道。

那天聚会完毕，他们聊了很多。他这些年干过不少赔本的买卖，但终于，他找到了适合自己的事业。他做了一个快递分公司的经理，他经营得风生水起。

他生活幸福，家庭美满，有个可爱的女儿。

他谈起这些年的不容易，谈起下雪下雨天给人送快递时的落魄及无助，以及对生活无限憧憬的渴望，眼神迷离，仿佛回到了学校。

她握了一下他的手，道："谁的生活都不容易，还好，你干了起来。"

让朋友没有想到的是，他另外一只手紧紧握着她的手："只是偶尔会想起你。"

她眼神闪烁地躲开，笑了笑："别开玩笑了，你生活得那么幸福。"

谁知他一把把她拥入怀中："其实同学聚会，就是为了见你。"

他的唇放在她唇上的时候，她觉得，这辈子都没有这么心情起伏过，心动过，那一刻，她真的是慌了。可她又无法拒绝他的唇，他的体温，他的一切，还有他淡淡的烟草味道。

两人去开了房。

朋友一直以为自己是一块木头，一块为婚姻量身打造的木头，当他说"你真的很风情万种"的时候，她才知道，自己是一个女人。

可心是慌乱的。

走出房间的那一刻，他"壁咚"了她一下，问她下次见面的时间，并轻轻吻她的唇。

她极其慌乱地说了一句"最好不见了"，就走出了房间。

时间过去了半个月，也许他忙，也许他忘记了我朋友，但不知道怎么回事，她又无数次地渴望与他相见。

终于，他联系了她。在一个高级餐厅，他给她点了牛排，还有红酒。这辈子，她都没有被盛情邀请过，当时就觉得自己不是一个中年妇女，而是一个情窦初开的小姑娘，真的，她会激动，会心跳得厉害，会兴奋。两人又去开了房。

接下来，她开始不安、慌乱、六神无主，看着手机屏幕想他，想接到他约她的电话，甚至，还想到离婚。

可是，他不给她微信，也不给电话。她去了他提起过的公司，只想远远地看看他，因为真的无法控制自己不去想他。

当时正好中午，只见他跟一个长相漂亮的女人从电梯里出来，谈笑风生地双双进了他的车子，扬长而去。

也许在他的情人链里，不止她一个情人。对于男人来说，他风华正茂，许多女人愿意跟他交往。

她认为自己是一个已婚女人，不应该想这么多。可她无法控制自己，想到那些烛光，那些红酒，那些激情的吻，她已经无法正常地投入生活。

这个朋友最后自欺欺人地问："他是爱我的，对吗？"

（二）

他不爱你，他爱的是他自己，爱的是一个一个女人投怀送抱的快感。

朋友说："不可能，他对我花了那么多时间和金钱，不可能的。"

我又问："就算他爱你，你有老公，你怎么想的？"

她回道："只要他爱我，我就离婚。"

我回道："别傻了，他有家庭，有事业，一个男人奋斗到今天，就是为了你一个半老徐娘？你的春秋大梦该醒醒了。"

朋友问："那些红酒呢，那些烛光呢，那些花了心思的牛排呢？"

我回道："为了把你骗上床啊。"

朋友说："不，不，他如果不爱我，怎么会花那么多心思在我身上。"

我回道："套路，全是套路。"

我记得曾经有一个身为情场高手的漂亮女人跟我讲过："不要相信男人，你知道他们跟你上床之前，殷勤得像条狗，上了床之后，又冷淡得像冰窖。"

上床之前，他们可以在你下车的时候，匆匆地跑过来给你开车门，怕车顶碰了你的头；上床之后，哪怕碰死你，他们都不会给你开车门了。

上床之前，你说的话，他们听得津津有味，仿佛你就是天涯大神，你发一句话，他就一直在帖子下面顶；上床之后，他恨不能给你42码的嘴贴个封条。

（三）

不能在情爱上跟男人较真儿，否则你一定输。在床笫之间跟他们较真儿，他们肯定输，因为他们大多数秒硬的体质决定了他们上床之前厚颜无耻的淫脸。

这方面，连精神情爱大师张爱玲爱起来，都会粉身碎骨，毫无下限。对于胡兰成深深的套路，她一直以为是爱情。

当初是胡兰成先追的张爱玲。

当时胡兰成在汪伪政府中任职，也算是政府官员了，正在南京养病。当他收到苏青寄来的杂志《天地》第十一期，读到《封锁》的时候，喜不自胜。

"宗桢断定了翠远是一个可爱的女人——白，稀薄，温热，像冬天里你自己嘴里呵出来的一口气。你不要她，她就悄悄地飘散了。她是你自己的一部分，她什么都懂，什么都宽宥你。你说真话，她为你心酸；你说假话，她微笑着，仿佛说：'瞧你这张嘴！'"

他读着张爱玲的字，那种文人之间的默契，令他觉得仿佛不见人，就已经暧昧多回了。

他继续往下读。"恋爱着的男子向来是喜欢说，恋爱着的女人向来是喜欢听。恋爱着的女人破例地不大爱说话，因为下意识地她知道：男人彻底地懂得了一个女人之后，是不会爱她的。"

此时的胡兰成，越发想结识张爱玲了。

（四）

胡兰成回到上海之后就去找苏青，要以一个热心读者的身份去拜见张爱玲。苏青婉言谢绝了，因为张爱玲从不轻易见人。但胡兰成执意要见，向苏青索要地址。苏青迟疑了一下，才写给他——静安寺路赫德路口192号公寓6楼65室。胡兰成如获至宝，虽然彼时，他是个有妻室的人。

胡兰成第二天就兴冲冲地去了张爱玲家，她住的赫德路与他所在的大西路美丽园本来就隔得不远。可张爱玲果真不见生客，胡兰成却不死心，从门缝里递进去一张字条，写了自己的拜访原因及家庭住址、电话号码，并乞爱玲小姐方便的时候可以见一面。

第二天，张爱玲打电话给胡兰成，说要去看他，不久就到了。张爱玲拒绝他的到访，又亲自去见他，主意变得好快。其实早前，胡兰成因开罪汪精卫而被关押，张爱玲曾经陪苏青去周佛海家说过情。因此，她是知道他的，于是，就这样见面了。

胡兰成送张爱玲到弄堂口，并肩走着，他忽然说："你的身材真好，这怎么可以？"只这一句话，就忽地把两人的距离拉近了。"这怎么可以"的潜台词是从两个人般配与否的角度去比较的，前提是已经把两人作为男女放在一起看待了。张爱玲此时已经把持不住了，面颊绯红，心跳加速。胡兰成看出了张爱玲的心思。

次日，胡兰成便趁热打铁，打块热铁。他去回访张爱玲，进屋看到张爱玲的屋子，便贱贱地说："三国时刘备进孙夫人的房间，就有这样的兵气。"

张爱玲盈盈地笑了，他第一次赞美了自己的身材，第二次赞美了自己屋子里的物件。

接下来，胡兰成就给张爱玲写情书："我本自视聪明，恃才傲物惯了的，在你面前，我只是感到自己寒碜，像一头又大又笨的俗物，一堆贾宝玉所说的污泥。在这世上，一般的女子我只会跟她们厮混，跟她们逢场作戏，而让我顶礼膜拜的却只有你。张爱玲，接纳我吧……"

这封情书吹乱了张爱玲内心的一片春水，后来两人就走到了一起。虽然张爱玲知道胡兰成有妻室。但一个男人贱起来，女人当真是吃这一套的。

在张爱玲之后，胡兰成又结识了护士小周、寡妇等女人，完全忘记了还有一个大名鼎鼎的张爱玲。

（五）

也许喜欢着你的时候，是真喜欢，可他们喜欢着别人的时候也是真喜欢。你又跟别的女人有什么不同？

他们的套路里有几分是为了性欲，又有几分是为了情爱呢？

在上床之后就抛弃你的男人，他就是一只动物。

以前看《包法利夫人》，里面的女主角遇到了别的男人。别的男人爬上钟楼，还要上大树去给她摘红果子，或者赤脚在沙滩上跑，给她抱来一个鸟巢，这些诱人的刺激打开了她的脑路。

她对男人的这些套路深深地痴迷着、魔怔着，直到最后卧轨而死的时候，依然梦幻着男人的这些套路。

当然，那种不吸引男人的女人，就不要说套路了，男人对你根本就不想有套路。当然，如果有，也不要深陷其中，这是情场高手惯用的伎俩，而且在女人身上屡试不爽。

男人用着套路，在这个世上游刃有余，女人在套路里深陷痛苦。在爱情里，女人总是患得患失，软弱无力。起码，你要巧妙掩饰起自己的脆弱和思念。因为成年人就是这样，谁在脸上露的思念多了，谁就输了。生活不是《微微一笑很倾城》里肖奈刚好爱着贝微微。贝微微一抬头，刚好爱上了肖奈。只要一瞬间，两个人的爱就到了顶点，白衣红妆并肩而行。

生活就是在每个套路里起舞。不要在他们的套路里张牙舞爪，哼，小样儿，还指不定谁睡了谁，说得跟谁睡不起似的，穿上衣服照样歌舞升平。

为什么出轨的女人越来越多

（一）

女人不出轨，一般不外乎如下：第一，男人押的筹码不够；第二，自己的姿色不够；第三，外界的诱惑不够。

但凡其中三占一，女性出轨也是指日可待，所以，男人选妻爱选丑女，选情人爱选美女，但男人爱的是情人，用的却是丑女。

时至今日，也许随着时代的变迁，价值观有所转变，男人冒着女人出轨的高风险也要娶一个漂亮的回来。

可漂亮的女人，据情感专家（也就是我）统计，出轨的概率是百分之八十，甚至更多。

前段时间，我的一个男性朋友，刚好跟我提起这桩事。因他是二婚，家里有一套房子，跟前妻离婚后，他就找了一个漂亮的女子。这女人进家门之后，约法三章：不做金丝雀，要自由；不做家庭主妇，要工作；不做生产机器，要丁克。

男人一一答应了。

可最近因为那约法三章，他越来越烦恼。不做金丝雀，她到处飞，成天看不到她的影子，有时候，连见个面还得口头预约。总之，他妻子说，鹰的本性就是世界各地飞，看看世界人文风景，感受世界美食。她老公有点儿无法驾驭她的苗头。

有时候朋友到他家就问："你们家鹰呢？"

他就说："飞了。"

朋友就拍拍他的肩膀道："可要看好了，不要弄回来儿顶绿帽子，你可头小，戴那玩意儿不好看。（头大戴着也难看哪）"

这朋友就非常苦闷，经哥们儿这么一说，他总觉得戴绿帽子是指日可待、近在眼前的事情。所以，他用强硬的态度跟媳妇谈判了，要安分一点儿，不要天天耍幺蛾子。

他媳妇说："沉闷的人从来没有幺蛾子，可那跟死了有什么区别，人只一辈子，不会因为你漂亮就给你两辈子。"

他一听，到底是见过世面，说话一套一套的，让他信服。可哥们儿的话，总是像苍蝇一般盘绕在他头顶。

每次放媳妇出去，因为媳妇漂亮，就觉得是抓回了一堆绿帽子，让他心神不宁的。有时候，他媳妇单位搞应酬，领导也叫他媳妇去。因为她豪爽，爱玩，就这两条，放之四海而皆有用。

男人终于忍不住爆发了："我前妻从来不这样。"

他媳妇那天真蒙了，半晌才说话："因为你前妻很平庸，你才看不上她，嫌弃她。"

他就说："我觉得我越来越降不了你。"

他媳妇鼻腔出气地看着他："你捉妖呢，成天拿根金箍棒。"

两个人的价值观有很大的分歧，婚姻生活刚开始还行，后来越来越志不同道不合。这个男性朋友前前后后把事情一阐述，就问我："你觉得我媳妇有外遇吗？外面有男人吗？"

因为本人也没有火眼金睛，所以这事也不能瞎说，但一个女人漂亮、爱玩，这对于男人也是致命的诱惑。因为男人的目光从来不盯在老实女人身上，这是张爱玲小姐说的。

我就跟这个男性朋友说："婚姻生活确实束缚了大批女性的自由，一个人如果没有自由，她跟阶下囚没有什么两样，所以女人的魅力在人群中。你每天都在想，你媳妇又去给你批发绿帽子了，你就不得安宁。你如果把心思放在事业上，放在提升自己的魅力上，那就算外面有绿帽子，她也不会轻而易举给你戴，因为'绿帽子配不上你'。"

后来，也不知道他们的婚姻有没有改善，但我确实挺佩服他媳妇的约法三章，世俗中的女人，不是常有她这样的。

（二）

以前看的诸多名著中，《包法利夫人》《茶花女》《廊桥遗梦》《飘》，其女主人翁都是让诸多男性仰慕的女人。

就说包法利夫人吧，从十六岁开始，她就为自己的魅力采桑纳叶。她的丈夫包法利是个勤勉、老实、为人懦弱的男人，但她不一样，她看过很多书，还毕业于当时的寄宿女校，受过贵族式的教育。

结婚后，她处处不满意老公的做法，认为他不求上进，终日不修边幅。尤其是以前的男人，婚姻生活就是吃喝拉撒睡，没有别的，但那个时候的包法利夫人就不这么认为了。

于是，老公给不了，她就在外面找刺激。

她口袋里每天都装着一本传奇小说，以备不时之需，所以男人个个都很仰慕她。

可她的老公谈吐像个僧人一样庸俗，穿着像个叫花子一般寻常，思想像烂泥一般恶心，激不起她的情绪。他不会放枪，不会比剑。

婚后，她的感情前所未有地空虚，一脚一脚踩下去，都是空空的。

她给老公吟诗，老公说，"做饭去吧；"她给老公说传奇小说里的比剑术语，老公说，"做饭去吧"；然后一副死鱼般的表情……（补白：包法利呀包法利，你就那么缺一口吃的吗？活该你是绿帽子之王）

她老公是一名医生，在治好了一位侯爵的口疮之后，包法利夫人就跟侯爵儿子勾搭在一起了。

侯爵儿子爱抽雪茄，她就把雪茄烟头藏起来，时不时地闻闻外面男人的腥味是什么味道。果然，一闻，她就醉在了外面的世界里。

她觉得她的心口开了裂缝，好多男人扑面而来，她越来越看不顺眼她的老公，慵懒而乖戾。

跟侯爵儿子勾搭完之后，一个叫赖昂的男人看上了她，并试图勾引她。他们有共同的兴趣和爱好，他也喜欢看传奇小说，她生日的时候，赖昂还送了她毯子和厚礼。

赖昂后来去了巴黎念法科。

包法利夫人又认识了罗道耳弗。他们一同去野外骑马，一同比剑，一同看落日。久而久之，她又做了罗道耳弗的情妇。她想逃离婚姻生活，想罗道耳弗带她走，如果不走，婚姻生活会让她死无全尸。

可罗道耳弗又一次骗了她，玩弄了她的感情，并告诉她：逃走对他们两个都不合适，世人冷酷，逃到哪里都会受到侮辱。

后来，她又遇到学习回来的赖昂，他高大英俊，还读了不少书，更是星光璀璨，在女人眼里，泛着迷人的光辉。

他们又勾搭到了一起。

直到后来，包法利夫人被婚姻折磨得不剩下一丝鳞片和羽毛，光秃秃地死在一张床上的时候，留下了一些话："我每个微笑背后都有一个厌倦的哈欠，是你包法利带给我的。我就像沉船的水手，在白茫茫的海上遥遥无期地寻找一片白帆。"

包法利夫人死后，包法利看到抽屉里有别的男人的雪茄、毯子，他傻眼了。

可以说，包法利夫人是幼稚的，她认为嫁给一个老实的男人，婚后可以生出爱情。殊不知，老实的产物就是沉闷无趣，老实的天敌就是蹦跶和欢愉。

她犯了最低级的错误，就是认为婚姻可以解冻，情人可以解饥，最后一样都没有解，死在不解之中，也是一个谜。

（三）

男人出轨是生理原因，女人出轨是心理原因。

在一段婚姻中，如果女人得不到心理上的某种满足，她就会失落，就会腾空，就会翻腾。

在我所接触的诸多出轨的婚姻中，女性出轨比例越来越大。

有一对夫妻，男人认为女人是用来生孩子的，而且要一男一女，最好是龙凤胎。搬着老皇历走进了新时代。我最烦这种大男子主义的男人了。但这种男人，他带出来的女人，不是沉闷就是性格一点儿都跟不上风尚。

这是生娃呀，以为是种地呀，种瓜就得瓜，种豆就得豆。基因不在那里，你种瓜，最后得豆，也是常有的事。

可男人就认为生不了龙凤胎，是女人卵子质量不好。最具讽刺意味的是，偏偏这么大男子主义的人，他的女人竟然不能生娃。

后来，婚姻生活一片汪洋。再往后，男人竟然动手打女人，女人脸上常常带着疤痕。

有时候，男人居然拖着女人到街上来打，嘴里还振振有词："要你就是为了让你生娃。"

最后，把女人逼得出轨了。男人得知后，拿着棍子满街找女人，那样子可怕极了。想想后半辈子，谁敢嫁给这样的男人？

（四）

有一对夫妻，他们刚结婚的时候，女人漂亮，男人帅，郎才女貌很般配。女人沉浸在男人的甜言蜜语里，恋爱的时候，两人见了面，第一件事就是激吻、拥抱。

可是结婚后，男人的甜言蜜语就戛然而止了，他认为娶回来了，就不用那样了。

以前他们的爱情就像大海一般，他的甜言蜜语就像大河大江一般，她受用不完，享用不尽。

现在见了河床，没有了甜言蜜语，一天涸似一天，见了淤泥，令她不肯相信。

以前，他喊她小甜甜，现在他喊她"嘿，喂"，总之就是没有名字。

她常常深夜里感到落寞，偷偷地啼哭，常常回忆她的小名：小甜甜。

她经常很晚很晚给我发微信问："你们热恋的时候说甜言蜜语吗？现在还说甜言蜜语吗？我很失落，我以前是他的小甜甜，现在是他的'喂'。他以前说，我在他灵魂深处一直冒着光，他现在说，我在他的生活里发着霉。我想哭，哭不出来。"

我说，像咱这种丑人，都是咱给别人准备甜言蜜语，所以感受不到你的失落，不过，从刚开始的"亲爱的"到"一边去，别烦我"，这个制冷过程，确实一般人受不了。

后来，这个女人有了外遇。

如果你一直没有见过大海，觉得眼前的小溪就是全部，你也不觉得生活缺了什么。可你毕竟感受过一个帅哥的甜言蜜语，那是极大的享受。可之后突然没了，你就会觉得你很空，这样的生活很空。

所以，劝诫天下的男人，要说甜言蜜语就说一辈子。不要让人一脚登高，一脚踩空，否则戴绿帽子的人终究是你。

（五）

毕竟，一个女人，是不愿意出轨的。一旦出轨，她也像两头烧的蜡烛。

可是在当今这个社会，女人一味提升自己，男人却无动于衷，不从秉性上紧跟时代潮流，总是舞刀弄棒地让女人受制于他。

我有个表弟，前段时间给我发微信："姐，给我找个女朋友吧，要求身材高挑，皮肤白皙，口吐莲花，最好能让我驾驭她。"我说，那你还不赶紧去睡觉，或许梦里可以见到。对于表弟，我只能说多照镜子吧，自个儿条件不好，还爱睡懒觉，一觉睡到自然醒，还想找个这样的女朋友去驾驭。不要说没有女朋友，就算以后有了，头顶上迟早会有绿光闪闪的帽子的。

只想友情提示你，时代在进步，人，越来越多，这个世界最不缺的就是人，还有绿帽子。

你可以偷懒，但你得准备戴上绿帽子；你可以大男子主义得要死，但你也得戴上绿帽子。直男癌的男人，趁早治疗，趁早甩掉绿帽子的烦恼。

它就是一项让你时刻奋进的帽子。

男性的退化和慵懒的秉性，很多时候，是缺一顶绿帽子。

如何让女人死心塌地爱上穷鬼

（一）

女人不愿意嫁给一个穷鬼，是因为女人不愿意"熬"日子，而是过日子。女人受得了"苦"，但受不了无趣。无趣是生活中最大的苦。

穷鬼身上最大的特质就是无趣。

以前看过一个故事。两个男人都是粉刷匠，其中一个每天高高兴兴吹着口哨粉刷，另外一个愁眉苦脸地粉刷。经理就问了："你为什么每次都愁眉苦脸哪？"那人回答："每天都是这活儿，有啥好高兴的？"另外一个就回答："既然每天都是这个活儿，为什么不能高高兴兴的呢？"后者成了公司主管，前者还是每天愁眉苦脸地粉刷着。

知乎网上有一项调查，百分之九十的穷鬼都是悲观主义者。当然，机会更愿意青睐一个乐观者。无论有没有机会，乐观者都是生活的大赢家。

每个恋爱中的女人心里都住着这样一个男人：他叱咤风云，他玉树临风，他吸引了全世界所有人的目光，推开九十九个女人的身体，知晓世界上所有的规章制度，通晓所有的社会潜规则，心底就是安营扎寨了一个你。

每个婚姻中的女人心里都住着这样一个男人：他可以没有钱，但他必须对我好，超越他对他妈妈的好；他可以没有房子，但必须每天哄我开心；他可以没有车子，但自行车上必须让我笑到炸；他可以没有这，没有那，但我必须"让"着他，让他洗碗，让他洗衣，让他辅导孩子，让他端洗脚水。如果这些都没有，那他必须有车、有房子。

（二）

《好先生》让我们赤裸裸地见证了，我们是多么爱一个穷鬼。

我没有钱，但我牛哇，你摸我女朋友的屁股试试。在第二集里，陆远陪女朋友去美国留学，遭遇了美国警察的突击，警察要搜身，搜到他女朋友屁股的时候，停了下来。陆远二话没说，跟几个警察干了起来。

被逮到警察局，他说了一句惊天地泣鬼神的话："我怎么委屈都行，我不能让你受委屈。"

这搁在一般男人身上，看到几支枪，而且是在美国，兴许会说："先委屈一下你的屁股吧，只要不出人命。"就如孟非说的，出门时刻带避孕套，记住人命比人身更重要。

陆远回国，带着他的被监护人彭佳禾参加好哥们儿的庆祝会，逃开了上百个上层人士的目光，避开几十个美臀，闪开无数个装 × 的人，偷了几块饼干塞进彭佳禾的口袋里，并幽默地让她偷着的时候，可谓一举两得。

此时，他看到他的好哥们儿正跪地向他的女朋友求婚。他扛起女朋友就冲出了庆祝会，对女朋友说："我知道你最讨厌这种局面了，我就是想帮你……这辈子居然还能看见你，真好，你就是我这辈子最大的死胡同。"

瞧，多么致命的一剂春药。

在美国陪女朋友留学的时候，他可以给人打工，在街上扮演米老鼠，在后厨受人指使，给人洗内裤，在冰柜里受冻一个小时。这一切，都汇聚为给女朋友的一句话：这一切都是因为我最喜欢的就是你。

有没有觉得爱情的温度到了沸点？

（三）

前几天在网上看到一个故事。男人终于在离婚后发现，原来马桶是要经常刷洗的；原来照顾一对子女，竟然要花费如此多的心力，而且要失去自由！

朋友问他："你前妻现在过得好吗？"

他说："她在离开我后，嫁给一个老外，过得很幸福。"

朋友接着又问："她没回来看过孩子吗？"

他平静地说："没有。"

"她不爱小孩吗？自己生的哦！"

他开始喝酒，娓娓道出他与前妻间的种种。

妻子是个不错的女人，虽然婚前爱玩，但是婚后一改从前，过着非常居家的生活。第一个孩子出生后，他经常早出晚归，说是为了生意交际应酬。妻子体谅男人在外工作辛劳，并无怨言。

第二个孩子出生了，他更是经常晚归，甚至在外过夜。妻子希望他能多抽出一些时间陪她、陪孩子，而他总是以事业为借口，依然我行我素。

婆婆是个保守、具有古老思想的女人，总认为儿子的种种，皆是妻子做得不好的缘故，于是对妻子的态度非常冷淡。结婚八年，妻子终于对他下达最后通牒。妻子对他说："结婚八年了，你为这个家付出了什么？为我做了什么？"

他醉醺醺地说："我每天辛苦赚钱给你们，为了生活打拼，这些还不够吗？"

妻子说："你认为这样就够了吗？一个女人要的就只是这样吗？"

他不满地表示："不然你还要什么？让你不愁吃穿，生活无忧，天天待在家里，想做什么就做什么。有几个女人过得比你好？"

妻子痛心地说："结婚这些年来，你根本看不到我的付出，看不到我的苦。你不知道为何你的孩子忽然间长大懂事，你把一切看成是那么自然。"

他不满地表示："我没付出？没照顾你？给你钱花的是谁？孩子会长大不是我辛苦赚钱抚养的吗？"

妻子默然无语，她知道这一刻该觉醒了。终于，她提出离婚，无条件地离婚，不要小孩不要钱，只想离开这个浪费她生命、让她不快乐的男人。

"你知道吗？离婚后，我一直想为孩子及自己找个可以代替他们母亲的人。但是，我喜欢的，孩子都不喜欢。"他忽然哭了起来。

朋友问他："是不是孩子第一眼不喜欢的，你就不要了？"

他点点头，开始自言自语了："我到现在才知道，原来孩子不会自己长大，母亲其实是很不可理喻的，原来家事是如此繁重，原来带着两个小孩根本哪里也去不得，原来马桶会那么干净是有原因的。"

他开始痛哭，陷入沉思中……

有些男人是永远学不会去爱一个女人的，有些男人需要女人，只是因为他们缺乏一个保姆、一个用人，或者是一个传宗接代的工具。他一直不能相信，到后来才发现有一个女人对他如此重要！

一个女人的幸福，不是穿名牌、用苹果手机、开好车、住大房子。幸福是，哭时有人疼、累时有人靠、病时有人陪，是拥有一个爱自己、懂自己的人，不管他有多少能力，总是把最好、最多的留给你。

（四）

这让我想起我的一个结婚好多年的朋友。这个朋友嫁给她的老公的时候，她老公是农村人，一无所有，孩子上学也落不了户口。他们在城里租了一间几平方米的小房子，房子拥挤得很，潮湿得很。

每天，她要一早挤公车，要在上班的地方受尽冷眼；每个黄昏，她则在菜市场的尾摊上收集一些便宜的菜。

她的生活，就是一部《蜗居》，就是海萍说的那样："每天晚上，我坐在窗前，看着窗外的灯光，我就会想，这城市多奇妙哇，有多少人，就有多少种生活，别人的生活我不知道，而我呢？每天一睁开眼，就有一串数字蹦出脑海——房贷六千、吃穿用度两千五、冉冉上幼儿园一千五、人情往来六百、交通费五百八、物业管理费三四百、手机电话费两百五，还有煤气水电费两百。也就是说，从我苏醒的第一次呼吸起，我每天至少要进账四百，至少……这就是我活在这座城市的成本。这些数字逼得我一天都不敢懈怠，根本来不及细想未来十年。"

然而，这十年，她为什么没有出轨，没有交际，什么都没有，死心塌地地爱着他的穷鬼老公？

那是一次聚会，几个人都要了冰镇啤酒。突然他的老公来了一句："我媳妇不能喝冰镇啤酒。"他望着他媳妇说道，"媳妇，你快来'大姨妈'了，不能喝的噢。"然后他要服务员给他媳妇弄个热的饮料。

年度最伤人的话是：我来"大姨妈"了，男方回答"自个儿喝水去"。那么年度最感人的话就是：我媳妇来"大姨妈"了，给一杯热饮料吧。

试问，有哪个四十五岁高龄的女人，还被老公记着"大姨妈"的日子，还像少男少女一般关心。这绝对不是场面上的做作，而是一种习惯，这样温暖的习惯不知道背后还有多少。所以，有时候我们也是爱穷鬼的，只要男人在其他方面有足够照耀家人的东西。

（五）

都说女人喜欢"高富帅"，是因为我们在"矮穷矬"里找不到让我们灵魂为之一震的东西，让我们死心塌地的东西。

因为好多男人穷，还想抄近道。要让女人拼死了往一片土壤里扎根，你得有养分。因为花离不开养分。

商业社会讲究：你无我有，你有我新。你得有别人没有的东西，好多"高富帅"在学"撩妹"，你就别学了。并不是所有的女人都喜欢走钢丝的生活。

我们更多时候需要一个疼我们的人，可以陪着我们静静地坐在沙发上看电视、啃零食；需要一个爱我们的人，可以跟我们一起听音乐、看杂志；需要一个懂我们的人，在生气难过的时候，可以讲个笑话逗我们开心。所以，我们需要一个爱我们和我们爱的人。

Bravery never goes out of fashion.

人生在世，如身处荆棘之中，
心不动，人不妄动，则不伤；
如心动，则人妄动，伤其身痛其骨，
于是体会到世间诸般痛苦。

Bravery never goes out of fashion.

Bravery never goes out of fashion.

美貌却许逐渐新会是磁养人的女人在刚开始的时候，但也许逐渐会变得非常清耗人。气质却是很养人。

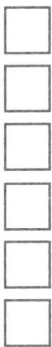

Bravery never goes out of fashion.

生活吧，越往后走，越会发现荆棘丛生，但我们就是要在荆棘中笑起来，这就是最大的本事。

Bravery never goes out of fashion.

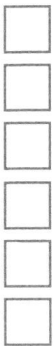

Bravery never goes out of fashion. ✈

人这一辈子，大多时间是在等。

当时间把喜欢的一切慢慢变成不喜欢的，

也就到了我们告别这个世界的时候。

再见，阳光。

婚后，女人最愿意爱哪种男人

（一）

许多女人找不到对象，那是在百里挑一，许多男人找不到对象，那是真找不到对象。因为放弃治疗的男性不比女性少，尤其是婚后的男性，挺着大肚腩，臭袜子扔过头顶，爷似的躺在沙发上，希望女人脸像瓷砖似的，胸像气球似的，做家务像新西兰家庭保姆似的，你咋不上天？

据《家庭》杂志统计，婚后放弃修养的男性占据百分之八十，是女性的三倍。男人的借口是——我要养家、赚钱。可问题是，至今大多数男人，就是拿着每个月的死工资，还活出了爷的范儿，这样的男人迟早有一天被甩。

男人觉得一纸婚书就能套牢女人，那可是打的民国时期的算盘，因为现代女性都这么说："我漂亮，是因为我想漂亮；我生娃，是因为我想生娃；我做全职主妇，是因为我想做主妇；我入职场，是因为我想入职场；我甩掉你这个渣男，是因为我想甩掉。人生短暂，我只想过自己想要的生活。"

你看安迪有多走俏，你就知道你有多危机四伏。

如果一个男人觉得婚姻就是吃喝拉撒睡，自己碌碌无为，还安慰自己平淡是真，那你应该高唱《囚歌》："为你爬出婚姻的洞敞开着，为你进入婚姻的门紧锁着，女性的声音高喊着：婚姻不是你寄生的地方。"因为她们深深体会到：人的身躯怎能在婚姻这样销魂的场所里如死灰呢，每个男人都应该在热血里得到永生。

（二）

《欢乐颂》打从开播以来，热度不减，网上就一直在调查，哪种男人最受欢迎、最让女人欲罢不能呢，结果是小包公子。

他从出场那浮夸开始，就震撼了一批未婚的、已婚的女人，他的穿戴总是美美的。任何时候、任何场合，女性都喜欢穿戴比自己整齐又有范儿的男人，因为这是她们仰慕男人的开始。

如果没有任何一个女人单靠美貌可以赢得男人的尊重的话，就没有任何一个男人单靠老实可以赢得女人的欣赏。所以奇点被淘汰在所难免，这是一场老实人跟花花公子的较量。

这姿势、这风度、这穿戴，统统帅出了人类新高度。我们就喜欢这样坏坏的男人，怎么了？天气冷得像个笑话，日子过得像句废话，我们就不能弄个男人像个神话了？

健硕的肌肉，迷离的眼神，迷倒了多少女人，仅仅几个镜头，包奕凡就迷倒了万千女性。女性最先衰老的不是容貌，而是从不敢去喜欢坏坏的男人开始的。

（三）

当然，婚后，我们还深深地爱着像黄小厨一样的男人，黄磊做饭超级棒，好吧？一盆很简单的青菜，都能给你做出皇家上等菜的美味。

他演过好多电视剧，唯一让他立稳脚跟的，就是他的黄小厨微博，他的微博深受广大女性的喜欢，人气节节攀升。我不禁要说，要拴住女人的心，先拴住她的胃。

你要是只知道他会做菜，那他就不配做婚后女人的首爱人物，他还喜欢读书，像《追忆似水年华》等名著统统是他的首选读物。如果你觉得他靠这两样就高居榜首，你就错了，他还喜欢育儿，把他们家宝贝女儿教育得机灵古怪。

如果这些还不够，你可以瞧他在《缘来非诚勿扰》上的机智语录。有一期节目，男生温柔帅气又万分痴情，女生美丽动人也期待爱情。当刘帅推着满满一车礼物走向张萌的那一刻，全场忍不住高呼："在一起！在一起！"

黄菡也在一旁力挺："虽然这个男孩儿不喜欢说什么承诺，但他做的这一切远比任何承诺更动人。"

张萌虽然感动得泪眼婆娑,却表示自己对刘帅少了那么一点点感觉。听此,黄磊忍不住激动起身,动情讲述道:"天底下根本就没有什么天造地设,相处才是最重要的。我跟我爱人今年步入婚姻二十年。我们在电影学院认识,在一起的那年,我二十三岁,她十八岁。有人说,我们在最好的时光认识了彼此。什么是最好的时光?当你认定一个人走下去了,你再回头看,那就叫最好的时光。不要等什么最对的时候、最准确的时机,你选择走下去,回过头,那就叫最好。如果你一定要等,谁能告诉你哪个是最好?包括电视机前很多想要找到爱情的年轻人,不要想有没有天造地设、有没有最准确的那个人,走下来、回过头,那就是最好的时间和最对的人,就这么简单!"黄磊的一番肺腑之言赢得了满堂喝彩。

黄磊在《缘来非诚勿扰》上以言辞犀利幽默著称,一张嘴堪比主持人的嘴,常常博得众人的高声尖叫和喝彩。这样的男人,全中国已婚女性都喜欢。

还有一期,时尚帅气的潮男李兴云一直有着一个明星梦,非常渴望被粉丝簇拥的感觉。高中一毕业就踏上了追梦路,可明星没当成,却跑了几年龙套,让他备受打击。两年前,他开始接受系统的舞蹈训练,成为一名舞者。同时,还在上海开了一家潮牌男装,自己兼职做模特。对于现在的生活,他很满意。在舞蹈工作室也认识了很多朋友,大家一起唱歌、一起跳舞、一起享受青春。唯独缺少的,是一份属于自己的美好爱情。

在节目中，李兴云大秀各种潮流热舞，并与女嘉宾热辣斗舞，气氛很是火热。

现场不少女嘉宾都表示："男嘉宾太帅了，会不会花心？""他喜欢被人追捧、喜欢被很多人喜欢，让人感觉很没安全感。"

黄磊劝告道："我想对台上的女孩儿说，其实你们要是在生活中碰见个小伙子对你表示好感，你还觉得他挺好的。我觉得大家站在台上，不光是你一个礼拜有灭人五盏灯的权利，台下也有无数男生关注着你们。你们在台上的表现，也是别人了解你们的一种途径。你们不可能永远站在这个台上，说不定你们在生活中也有机会遇到属于你的幸福，所以在你为男嘉宾留一盏灯的同时，也是在为自己留灯。"最终，还会有多少盏灯为李兴云而亮呢？

你瞧，一个幽默睿智的大叔，一个会做饭的男人，一个喜爱阅读的男人，一个会教育人的男人，一个懂得珍惜爱人的男人，这样的男人，能不能给中国女人多制造几打。

（四）

都说，现代女性太累了，要在职场工作，要俏，要笑，要读书，要干家务，要教育孩子，要做饭，要健身，要有魅力，要当司机，要当保姆，要……

对，这么累的我们，需要一款男闺密，就是《欢乐颂》里的老谭，站在你身后，始终为你点着一盏灯，照亮你前行的路，点亮你灵魂的灯。要房子给你买房子，要车给你配车，能做你的生活导师、情感陪护、人肉保镖；你幸福他笑着祝福，你难过时他挺身而出；温暖又心细，帅气又多金，还能为你去揍人；在你受到媒体伤害时，能挺身而出：让我来。

如果男人最愿意听的一句话是"我懂"，那么女人最愿意听的一句话便是"我在"。

在被奇点一遍遍告知生活有多黑、路有多崎岖、人心有多邪恶，我们都喜欢上了老谭那种愿意用身家性命维护我们的天真的男人。他懂女人，女人不是不知道人心险恶，而是，我们愿意用一颗单纯天真的心去面对，因为这样不老，显年轻。懂了吗，奇点们？

网友都说，奇点有多招人嫌弃，小包、老谭就有多惹人爱。让我来告诉你奇点的惹人厌恶之处。第一，他总是一副站在高山上指点别人的架势，她、她，还有她，不能交往，不能帮助，不能接近。奇点哪，你不知道，男人来自金星，女人来自火星，男人用计谋征战沙场，女人用善良霸占男人。如果一切的魅力离开"善良"两个字，那么它们都是空中楼阁，所以，奇点你走开。第二，爱一个女人，就给人家空间和时间。找到人家家人，直戳人家的软肋，把人们想隐蔽的东西一一挖掘出来，以为自己有福尔摩斯的智慧。你继续走，不要回头，不想看你。第三，你丑。

瞧人家老谭，默默地喜欢，默默地爱，默默地帮助安迪，默默地给她支撑起一片天，默默地帅。奇点们，学着点儿吧。

(五)

如果你不知道怎么去吻一个女人，如果你不知道怎么去撩一个女人，如果你不知道怎么用幽默去打动一个女人，胡歌在《生活启示录》《大好时光》里手把手教给你。

在《生活启示录》里，闫妮演的于小强，被出轨之后，遇到了胡歌饰演的鲍家明，鲍家明带她去开房，服务员看到两人年龄如此悬殊，竟不给他们开房，并说有什么证明拿出来看看。然后鲍家明就深情地看着于小强，来了一个激吻。服务员就同意给两人开房了。

在于小强被赶出家门，走投无路的时候，鲍家明安慰她：人生没有过不去的坎儿，就算再艰难，也有雨过天晴的一刻；总有一个人在你身陷谷底的时候，拉你起来往前奔跑；总有一个人让你在夜深人静时，可以会心一笑；总有一个人让你觉得，未来还有无数可能。

在《大好时光》里，胡歌饰演的袁浩爱上了茅小春。茅小春眼睛失明了，他做她的拐杖，给她做饭，甚至吃掉她嘴边残留的米粒。袁浩没有叱咤风云的事业，没有气势磅礴的气魄，就如他自己说的，"我没有车没有房，但打从看见你，我见这个也不顺眼，见那个也不顺眼"。

（六）

当然，这样的男人，谁不爱？现实生活中，如果你没有小包的坏，你至少应该像黄磊一样会做饭；如果你不会做饭，你至少看点儿书；实在不行，遇到啥事，你就拼命安慰她，坏事能说成好事；再不济，你就吃掉她嘴角的饭，总可以吧。

电焊原理告诉我们：只有两头高温，才能对接起裂缝。

婚姻原理也告诉我们：只有旗鼓相当，才能剑走偏锋。

好多婚姻都是男人婚后不提升自己，安然地在婚姻的被窝里躺过一世春秋，他们不觉得自己的人生不值。

精致的婚姻，实际上是长久的打情骂俏，实际上是你来我往，实际上是一辈子陪你说闲话。

婚姻更是内在的伸张，时间久了，你才会重新破土而出，如果你只是谋求外在的华丽，你终将被埋。

一个男人，面对外人应该有精明的头脑，面对婚姻应该有精明的心灵。

许多浪漫，是从婚后开始的

（一）

那天，我看《爱情保卫战》，里面一个男人气势汹汹的。

“你说她都四十了，每天嘟嘟嘴拍自拍发朋友圈。”

“她都四十了，照相老摆出芙蓉姐姐的姿势。”

“她都四十了，要我跟她去玩高空探险游戏。”

“她都四十了，说哪里比赛接吻，叫我跟她去，羞不羞哇？”

男人用一副老气横秋的语气对主持人说，顺便还拿白眼球白了一眼对面的媳妇。

对面的媳妇看起来真的很年轻，完全不像四十岁，顶多三十左右。女人不服气地说：“那人家要跟你合照，你也不照哇。”

男人嘴噘起来，眼球依然是白的：“我嫌丢人。”

主持人问：“就因为这啊？”

男人继续说："有一次，我妈要来，她拉着我妈拍照，还噘嘴，发朋友圈。还有就是人情世故一点儿都不懂。去年，我舅舅去世了，我妈妈要我们两个都回去戴孝，她倒好，不去就不去吧，那天我回老家戴孝，她去公园发了一堆自拍照，还发朋友圈。她加了我好多亲戚，我那些亲戚看到都问我：'你媳妇不是生病了吗？'我当时很尴尬的。"

女人说："你回去做个代表就行了。"

男人说："还有就是，一看到她身边哪个'九〇后'小姑娘的男朋友送了什么礼物，非要我送她。你说过日子不就是柴米油盐酱醋茶吗？不就是萝卜白菜吗？一个礼物要花费多少萝卜白菜的价钱？她的同龄人都很成熟，就说她那几个朋友，人家天天为了生活奔忙，天天为了日子计划。她呢，哼，天天捯饬一些小姑娘捯饬的玩意儿。"

女人说："那我不捯饬，不也是过日子呀？再说了，小芳、小红她们都比我老。"

男人无语。

主持人说："有的女人很会调适日子，你穷，她不嫌弃你穷，还能怡然自乐，是你的福气。有的女人，她就在穷里把自己淹没了，哥们儿你该高兴啊。"

（二）

由于我常年写情感文，身边的朋友都爱打电话问我一些情感的问题，或者夫妻之间的问题。

在我所认识的这些情感病患者里面，最幼稚的一些女人往往显得非常年轻，爱计较的女人往往显得很老气。

我的一个同学，她跟我同一年结婚领证。

我是眼睁睁看着她从一个活泼、开朗、大方的女孩儿变成一个锱铢必较、面目狰狞的妇女的。

她总是抱怨她的儿子不上进，她的婆婆很邋遢，她的老公不挣钱，她的邻居都恶心，她的父母都烦人，她的同事都势利。

前几天，她把所有的衣服洗好后，拿出来一看，一条老公的内裤搅在一起给洗了。她大发雷霆地指责："跟你说了 N 年了，内裤不能跟外套放在一起的，容易得炎症，你耳朵死了呀？"说着，随手把内裤扔到了垃圾桶里。

全然不顾及我们在场，当然，因为老相识了，也不觉得尴尬。再说了，我脸皮还擦了粉，也看不出来。可她男人比较尴尬呀。

（三）

后来，她看到她的一件白色衬衣被婆婆放进去的红色汗衫给染色了，她当时就奓毛了，暴跳如雷地跟婆婆说："你不会用洗衣机也就算了，你总会分衣服吧。我这白色衬衣刚买的，你知道不？你平时不会给孩子换着花样炒菜也就算了，不要总是萝卜土豆一锅炖，那样当然省事，可孩子将来长不高个子，娶不上好媳妇，你知道吗？"

当时她的婆婆跟老公站在那里，也许因为我们在场，没有吭气。但我看到她婆婆脸色很难看，都变白了，甚至都能听到她老公牙齿碎了一嘴的声音。

她老公回了一句："你有完没完哪？"

她暴跳如雷地说："我就是没完。"

双方势均力敌，要开战的样子。

我赶紧拽着她："算了，算了，到我家里消消气，我给你做好吃的，还有好喝的。这些都是鸡毛蒜皮的事。"然后拽着她下了楼，害怕越往后，女人越唠叨，男人越多毛，家庭战争就无法避免了。

万一打起来了，虽然我涂了粉，看不出尴尬，但我的脸色也好看不到哪里去的。

到了我家，我给她倒了红酒，让她消气。她拿起红酒看了看："家里还搞这一套哇，都多大岁数了。"

我说："你看每天晚上演的《小别离》，黄磊饰演的方圆，想要二胎，但又跟媳妇没有'性'趣，他就去向他的朋友讨教。他的朋友给他指点：人旧了，招儿可以新啊。

"后来，方圆买了鲜花，媳妇涂了红唇，两人顿时'性'趣盎然。

"你跟你老公说了好多年，他都没有改，说明你说一辈子他都不会改。男人天生对美女的话吸收率是百分百，对丑女的话吸收率是零，对媳妇的话吸收率是负数。

"但你招儿可以新啊。你就对他说，你不是想要二胎吗？内裤上面有一万个细菌染色体，会把二胎染笨、染丑、染呆。他就不敢了。"

朋友当时就笑了："你老公跟你过日子一定很快乐吧。"

（四）

好多人，都觉得婚后干什么事都是浪费。其实，这样的心态会急速提升婚姻的衰老程度。

记得有一次聚会，有一对夫妻，已经结婚很多年了，聚会完后，两人又去了旁边的浓情蜜意酒吧。

我们几个都说："那里的红酒好贵，你们两个真是疯了。"

他们两个笑笑："现在不疯，等到老了再疯吗？"

后来，我们几个都摇摇头走掉了，他们俩挽着胳膊走进了酒吧。A朋友说："他们经常这样，我都见怪不怪了。"

我们几个坐在出租车上开玩笑，那个A朋友说："她老公还带她去什么河呀，就是那个密西西什么河的，可好玩了那个地方，只有他们两个人去。而我老公就会带我去我们家小区下面的臭水沟看看。"

另外一个说："我老公带我去九寨沟、张家界、三亚，甚至还出国，只有两个人的旅游，说走就走那种。"

我们几个羡慕地看着她："你老公真好哇。"

她叹了一口气说："是电脑上的景点。让我看看，将来会带我去。"

然后A朋友又说："就刚才我那朋友，她老公有一次给她邮寄了鲜花，她系着围裙出来，心想没有上淘宝哇，才知道是老公给她订的，当时，他们就从厨房转移到了卧室。"

有作家说过，有些事情不要非等到"退休了""有钱了""孩子大了"再去做！但凡那些你认为有条件才能去做的事，将来大概就永远不会去尝试了，终会成为生命中的遗憾。人这一辈子，大多时间是在等。

当时间把喜欢的一切慢慢变成不喜欢的，也就到了我们告别这个世界的时候。

（五）

在《为她而战》里，老公张晋无论做得好坏，蔡少芬都会上前亲吻他，并说："老公，你是最棒的。我相信你。"

结婚后，张晋总是带着我们的娘娘到很多刺激的地方，比如布道山，站在高空看人群。尤其是当峡湾起风时，两人就抱在一起感受那种刺激。

他还带她去挪威死亡公路冒险，去西班牙国王步道，去爱尔兰莫赫悬崖。

张晋说，他要让我们的娘娘在婚姻里一直保持少女心，一直高潮。尽管结婚很多年，娘娘性情一直很率真，完全没有因婚姻生活多年而滋生婚姻的附属品——戾气。

我们都知道，友情禁不起磨难，婚姻禁不起平淡。婚姻可以窄化一个生命，同时可以放大一个生命。

前几天，看《我是演说家》，著名主持人马丁演讲了"中国式父子关系"。他说，一辈子跟父亲对着干，在家里撒谎都要被父亲指出来痛骂一顿，一遍遍告诉我，人不能撒谎。父亲得了癌症，走了，我想对父亲说："下辈子，我想当父亲，你来当儿子。"我想告诉父亲，家不是讲理的地方。家就是一个讲趣味的地方。

婚姻里，也是一个道理。在婚姻这潭浑水里，你要体会其中的快乐，必须把自己变成一只泥鳅，还得用鳃呼吸。

女人最在乎哪种男人

（一）

上个礼拜看的《爱情保卫战》里，A女讲述自己的故事。

他们跟一家夫妻住得很近，而且对面妻子跟自己的老公在一个单位上班，每天老公会接那个女人一起上班。

A女想，这也没啥，都在一个单位，而且抬头不见低头见，买菜的时候也能遇到，这么熟悉，而且这么顺路，接她上班也无妨。就这样接来接去将近半年。那个女人每天都打扮得花枝招展的，A女老公长得人高马大，也很帅。

有一次去买菜，A女就碰到两人在车里，都到家门口了，还没有下车，可能每天这样，是她没发现，她想着都是邻居，兔子怎么可能吃窝边草呀。她想，可能单位有事，两人要商量吧，也没有多问。

一次，A女叫老公去接她下班，老公说，等一会儿。等了很久，因为老公单位那个女人还没接上，他走不了。

车到 A 女单位门口的时候，副驾驶座位上坐的是那个女人。那个女人很轻蔑地说："大姐，你来了，坐后面吧。"

故事讲完，A 女气呼呼地说："这究竟是谁家的车子？"男人就说："都是同事，而且是邻居，她还喊我大哥，不接怎么也说不过去哇。"

观众笑了，主持人笑了，嘉宾也都笑了。

男人还说："我单位那女人说，你媳妇怎么又老又丑哇。"

A 女说："他回来吃现成的，我也得上班哪，下班之后，他躺在沙发上玩游戏、看电视，我忙来忙去，还要照顾小孩子，晚上还要喂奶。"

涂磊板着脸点评道："别人叫你大哥，是有利可图，媳妇喊你全名那是对你好，难听的话都是从老婆嘴里出来的，那是对自己好，别的女人嘴甜，那背后都是花招。"

现代的男人都爱说：我也累啊，我也有压力啊，我也要释压啊，我也忙啊。但你观察，当代大部分家庭中，女人总是比男人苍老得多，男人总是禁得起老，而女人总是老得很快。为什么？因为现代的女人要工作，要养活家庭，还要带孩子，收拾家务。

所以，当别的女人对你说，你老婆又老又丑，你该感到的是愧疚，这些年没有照顾好老婆，才让她又老又丑。如果这一切是你承担了，老的人是你，而不是你的老婆。

（二）

一个姑娘跟我说："今年我二十五岁，到了各种姨妈、亲爹、干爹、干妈催婚的年纪，我自己其实对婚姻看得没那么重要，我还小，也不那么急着结婚，结果我爹妈不行了，非说二十五岁不结婚，就是个老姑娘了。然后他们四处去给我打听谁家儿子没有媳妇，没有女朋友。

"这不，昨天我妈妈让我跟她同学的儿子约会，说他家有房有车，人也长得很帅气，在银行工作，家世背景跟我家也匹配。父母也算认识，都是世交，我妈就催我去见见。在还没与这个男人见面以前，似乎他妈妈特别关心我的工作、工资等各种情况，对我的个人健康情况问得很清楚。我当时就觉得心里很不舒服，不就是见个面，至于吗？

"昨晚8点我见到了传说中三十岁的那个男人，他看起来算是斯斯文文的，一见我点了一壶三十八元的柚子茶，他就觉得贵，说：这茶怎么这么贵！我当时觉得很尴尬，说钱我付吧，然后他很乐意地享受起了蜂蜜柚子茶。我当时就觉得心里很不舒服。

"然后我们又聊了一会儿，他开始问我收入多少，平时喜欢买什么。我说我最喜欢买衣服，他听了很不高兴，说女生有几件衣服穿就够了，买那么多衣服干吗。我听了当场就想翻脸，一想是我好朋友的儿子就忍了，然后跟他说我回去。他自己有车，却跟我说：你回去坐公交车吗？我说我打的，他又开始数落我败家。

"我火大了：'我败家，败过你一分钱吗？柚子茶也是我买的，你得付十八块，AA吧。'回家后，那男人的妈就开始打电话骂我，说我欺负她儿子，我妈还在那里道歉。我直接对那位奇葩阿姨吼道：'阿姨，你跟你儿子结婚最合适，你们要的不是媳妇，是要带薪保姆和会赚钱不会花钱的机器。我为我妈有你这种朋友感到羞耻。'

"可是，我妈妈说这家人家庭挺好的，得罪了，以后恐怕找不到更好的。

"我说，什么是好，好不是房子有多大、车子有多贵，而是每分钱都愿意为你花。你哭，他会心疼；你笑，他会跟着笑。"

（三）

我相亲遇的奇葩事情多了去了，奇葩男也很多，我写过。我曾经交往过一个男人，我喜欢吃荔枝嘛，当时刚下来的荔枝就三十元一斤，我也想"一骑红尘妃子笑"，可他说，这一笑太贵了，不给我买。我自掏腰包买了之后，他也随着我吃起来，吃得还特猛。走的时候，还在人家老人的框里又拿了几个荔枝。

当时，我们没有话聊，我就提议去必胜客吃一顿。你知道他当时说什么吗？他说："你怎么就知道吃，都多胖了，还吃。"

我胖又没有挖一块你身上的肉贴自己身上，你管得着吗？

他不去，说一顿必胜客吃下来，怎么也得一百到两百元不等，而且这门亲事，还不知道能不能定下来。我说："你不吃，怎么知道能不能定下来。"

他死活不去，我就问，那不去，咱们究竟去哪里。他说走走，我说吃饱了才有力气走。

我看他不情愿，就提出请客，他就屁颠屁颠地跟我进去了，点了好几份贵的，吃得满嘴流油。

出来的时候，我又提议去书店，他说："你以后又成不了世界名家，看那么多书，都是浪费。"

当时，他真的触碰了我的底线，我不能一日无书，七天不读书，智商赛过猪。

我买了一本仓央嘉措的书。他随手翻了翻，阅读了一段：

那一刻我升起风马不为乞福只为守候你的到来

那一天闭目在经殿香雾中蓦然听见你颂经中的真言

那一日垒起玛尼堆不为修德只为投下心湖的石子

他当时就将书扔到了柜台上，说："上下班累死累活的，谁有心情去投石子。"

柜台服务员都笑了，出来的时候，我当然马不停蹄地跟他分手了。

时隔多年，他在各个平台也许读到了我的文章，加了我的微信，并试图回忆过去，提起当时的不懂事。

我问了他的近况，他在市区打工，还没有房子。他说他很喜欢看我的文章，是我的文章是茫茫人生路上照着他的一盏明灯，可惜照得有点儿晚。

我说其实当年我也发亮，只是胖，挡光。

（四）

八月十五那天，饭店里人山人海，有的人提前一个礼拜就订了座位，我们去的时候已经快1点了，只好等。

其间来了一对三十岁左右的夫妻，带着孩子，一进门就听女人骂骂咧咧地说："叫你快点儿，磨蹭到现在，停个车也那么慢，你不知道今天过节呀！你看看这人里三层外三层的，吃个屁呀吃。"

男人白了女的一眼："再废话老子不跟你们娘俩吃了。本来过个节，在家里做饭就是了，非要凑热闹，还赖我。"

女人也急了："不赖你赖谁，叫你快点儿快点儿，你磨磨蹭蹭，像新娘子上轿似的，丑八怪一个，谁看你。现在可好，等吧，还不知道等到什么时候才有空座位呢。"

男人说："你怎么那么多废话呢，能不能闭嘴呀。"

女人说："不能。"

男人转身就走，留下女人跟孩子不知道何去何从，看那样子这饭也吃得不高兴，只好带着孩子离开了饭店。

约莫过了两分钟，又进来一对年轻夫妻，看到那么多人排队，男人说："媳妇，你跟儿子去一旁等会儿，我去排队。"

媳妇说："哎呀，这么多人，得等到什么时候哇。"

男人说："过节嘛，就是高高兴兴，等等也无妨。"

媳妇说："下次过年过节，你就早点儿订饭店。"

男人说："yes（是），一切听媳妇的，媳妇说的话就是党的话，一切听党指挥准没错。党说去哪里咱就去哪里，那现在咱们等啊，还是不等？"

女人扑哧笑了："等吧，现在到哪个饭店人都多。"

男人说："党真英明啊，你去坐会儿，我去排队呀。"

女人抿着嘴想笑，过了一会儿，男人拿上排队号过来递给媳妇："咱们得等一个小时，要不我去买杯奶茶给你垫垫吧，咱别把党给饿着。"

女人说："人民群众都不怕饿，党更耐饿。"

两人大笑起来。

（五）

都说女人太现实，可现实中，往往是女人能跟一个男人同苦，却在共甘的日子里分开了。

也许你的一句"老婆你真好，别的女人休想欺负你"，不会让一个女人荷尔蒙暴涨，但会坚定她跟你走下去的决心。

别的女人说你的女人又老又丑的时候，其实话外音是：你这个男人真无能，没有照顾好自己的老婆。没有好的保养品给老婆，没有让老婆貌美如花。如果淘宝是"妇科病"，没钱下单就是"男科病"。

涂磊说："对于生活来说，智商是一个人的硬伤。"那我要说，上面有几个典型的男人，他们都是高等残废。

对于一个抠门儿的男人来说，他的女人一辈子增值空间都很小。而对于一个总是跟女人较劲的男人来说，他会让女人一辈子失了温柔，自己也失了幸福。

一位作家说："我根据长相选择朋友，根据人品选择熟人，根据智力选择敌人。"

而对于上面那个在饭店因为老婆多说两句掉头就走，让女人跟孩子处在尴尬的风口浪尖的男人，他的智力真的只配当"敌人"。

涂磊说："要不你就不要结婚，结婚的男人就是得担起责任，毕竟你不是单身。"

那我要说："要不你就投胎成女人，身为男人，就不能抠门儿，抠门儿就是男人品质上的一颗痔疮。"

找个男人，一起说闲话

（一）

有时候加班回家晚了，我就到小区后面的一家米线店吃碗米线。那天，夜已经很深了，有点儿风，整条街道很是萧条。

只有几家商铺还在坚持着，希望晚上能遇到一个大客户，满足一下他们欲壑难填的商贩心理。

一只猫还在路灯下发情地尖叫着，寻觅着。

我紧了紧衣服，进了那家米线店。她家男人一如既往地在桌子上喝着小酒，就着一盘花生米，一旁的一张桌子上，孩子在写作业，女人在旁边收拾着一些烂尾菜。

气氛一如既往地干。

我坐下来，要了一碗米线，女人就起身去做了。我看了一眼孩子，孩子每天这个时候都在奋笔疾书，此刻他心里或许想着要冲破这该死的现状，考上清华北大，脱离低级生活。男人一口一口地喝着，醉眼惺忪，不知此刻在想什么。女人在厨房里忙着，在想什么？

总之，他们三个总是这样孤独。

这个时候的我，也不会要求他们挤出一丝白天剩余的热情，或许，他们本身的热情就不多，再要求人家挤，就属于强盗行为。

米线端上来，空气中只有我刺溜刺溜吃东西的声音，女人依然在收拾菜叶，男人依然喝着酒。

吃完后，我四处找餐巾纸没有找到，也不想打破他们的孤独，寻思着没有人看我，就用手背擦了擦。

把钱丢在桌子上，我就走了。进去时，那只可怜的猫已经找到了它的同伴，两个人，不，两只猫并排走着撩着，追逐嬉戏，一点儿都不嫌冷。

我紧了紧外套，加快了脚步，也许是人心冷，显得我更冷，披了一身的孤独。

一进家门，老公跟儿子跟门童一般，一左一右地弯腰行礼接待我：请进，贵夫人请进，贵妈妈请进。

我无精打采地朝沙发上一"葛优瘫"（网络用语，形容颓废的样子），儿子跟老公相视一看：情况不妙。

然后一个按摩腿，一个捶背，询问我满脸便秘表情是怎么回事。我说："我吃的不是米线，而是一碗孤独。"

老公说："也许等了一天，就等到你一个客人，你让人家怎么热情。"

"我吃了无数顿，他们的家庭模式就是那样的，好不了。"

老公说："人家是卖米线的，又不是卖笑的。"

（二）

我常常听现在的人说，她结婚了是因为家里催促，因为年纪到了，因为家里介绍的，因为有了孩子，他结婚了是因为他有车有房。可是没有人说，我结婚了，是因为，我们聊得来。

仅此一条，在漫长的婚姻中，是多么重要。

我曾经到一个同事家做客，因为同事平时忙，有时候家里的饭就是男人在做。进去的时候，男人还在沙发上看电视，女人就开始嚷嚷道："我都提前打电话说我朋友要来家里，让你烧几个菜，你到现在还躺在沙发上看电视，有啥好看的。"说着，她上前关了电视，把遥控器扔老远，吼道，"买菜去。"

不一会儿，男人买了一堆菜回来，女人上前一看："你买的这都是啥菜呀，叶子都发黄了，能吃吗？都跟你说多少回了，我不爱吃芹菜，你怎么每次都买呀。好了，好了，做饭去吧。"

片刻后，男人炒了几个菜端上来，女人夹了一口放嘴里："又是咸的，你看看！"说着，就把筷子扔在了餐桌上。

男人盛了米饭，自个儿吃起来。

吃完饭，女人说："没看见我朋友在这里吗？你还不去洗碗。"

男人又去洗碗，洗完后，女人在厨房门口一看，又道："每次都跟你说，洗碗之后，顺便用拖布拖一下厨房的地，就不会沾到客厅脏物。说多少遍了，都做不到。"完了，还跟我补一句："男人怎么都这德行。"

然后，我们就坐在沙发上看电视，男人要看足球，女人夺过遥控器就换了电视剧，之后两人就不说话，一直看电视。

整整两个小时，从进家门到现在，两人很少有正面的问候语和关心语，各干其事。女人一直在唠叨，男人一直带着气做饭，白眼都懒得给对方那种。

兴许男人看着有客人在，也不方便跟女人多说话，但心中的怒火肯定已经噌噌往上冒。

如果女人说："老公，你这个菜有点儿咸哪，是不是预感到我今天带的客人口味有点儿重？"

如果男人说："老婆大人上班真是辛苦哇，披星戴月还带朋友回来，我得披星戴月去买菜。"

家庭气氛是不是一下子会和谐起来？可太多的家庭陷入无尽的深渊，都是彼此没有话可说。

（三）

在《中国式关系》里，陈建斌演的男一号马国梁就是百年挑剔脸。第一集里，他老婆俐俐的脚被烫伤了，马国梁还在看报纸。

甚至在丈母娘拖地时都不知道抬脚，永远是在看报纸、看新闻，永远是一副臭脸。

离婚的时候，俐俐跟马国梁说："我跟你在一起过日子，我过够了。"

马国梁说："我管你吃，管你喝，挣的钱都给你，娘家妈也接来一块儿住，你还让我怎么样？"

俐俐说："你以为我跟你结婚就是图你把你每个月挣的工资都交给我吗？没有你我一样可以养活我妈！"

马国梁说："还有女儿呢？"

俐俐说："对，就是因为有女儿，没有这个女儿，你以为我会熬到今天吗？"

俐俐说："其实我们是有几年好日子的，刚结婚那会儿，不管多晚，你都会去单位等我，我没有吃饭，你就是再饿，你也会等着我，可是现在……"

马国梁说："现在怎么了，老夫老妻了，这全世界的人不都这样过日子吗？"

俐俐说："你觉得过日子就是吃饭睡觉，但是我不行。我希望我身边的男人心里有我，让我知道他是爱我的。"

马国梁说："你想让我带你去吃法式大餐，给你送鲜花巧克力是吧？"

俐俐说："你有那份心吗？别说是巧克力鲜花了，就是萝卜白菜你给我买过吗？永和豆浆你带我吃过吗？"

在经历过一次婚姻的失败后，他更懂得了女人，在跟江一楠交往的过程中，他有说有笑，有血有肉，有激情有幽默。

前丈母娘说："你曾经是个没有人味的男人，现在你有了，可我已经是你前丈母娘了。"

此话带着好多伤感和无奈，如果第一次婚姻他就能这么睿智，也不会离婚了。

（四）

前几天，被林心如妈妈的婚姻刷屏。

仅仅是因为林心如父亲一直往林心如母亲养育的吊兰里弹烟灰，一场婚姻才最终失败。

林心如说："我妈妈是那种下楼倒垃圾也要穿戴整齐的精致女人，在我十二岁时，她和爸爸离婚了，就因为爸爸往她养的兰花盆里弹烟灰、扔烟头，多次劝阻无效……亲友来规劝，她只有一句话，'他人很好，只是过不到一块儿去'。外婆气愤地骂她：'你就是书读太多，事儿就多了。'

"在外婆眼里，她的女婿高大英俊，能赚钱，孝顺顾家，反而是女儿任性自私，不考虑孩子和父母的感受。她也很难理解妈妈痛诉爸爸的不爱洗澡、衣服袜子乱扔、吃饭狼吞虎咽、没空陪她、记不住她的生日以及纪念日……哪能算是毛病，男人不都是这样的？我至今记得妈妈带我离开曾经的家时，流着眼泪对我说：'希望你能理解妈妈，一辈子太长了。'

"我十六岁时，继父出现了，他个子不高，相貌平平，但整个人看起来干净清爽，笑起来很温和，我竟对他没有排斥感。他会为妈妈的花花草草换上漂亮的花盆，给妈妈新买的淡绿格子桌布配上新的盘子碗筷，为她的红色连衣裙选一双乳白的方跟皮鞋，给我用铁环钩着的几把钥匙换个漂亮的钥匙扣。

"他会拉着妈妈的手一起去江边散步，看夕阳和日出，去湿地公园拍摄花鸟，告诉她每一种植物的名字和故事，带回几根掉落的树枝，回家后插在古朴的花瓶里，摆在我的书桌上。

"妈妈热爱研究菜谱，每次她隆重地推出新菜时，继父会拉我一起漱好口、衣着整齐地端坐在餐桌前，模仿美食家一样在妈妈期待的眼神中从色香味上开始点评，逗得妈妈咯咯直笑。

"继父还是个过节狂，他说生活就该有年有节，有时有令，这样岁月才有层次感。不同的节日他有不同的礼物和庆祝方式，他会带我和妈妈在季节时令交换时到大自然里走一走，看看时光的交替……

"有一次妈妈生病住院，我去医院时看到妈妈的床头放着一束百合，水果切成了小块放在干净的淡绿色瓷碗里。继父坐在床边，旁若无人地为妈妈读着书。旁边病床的阿姨侧着头羡慕地看看这一幕，我忽然鼻子一酸，终于理解了妈妈的那一句'一辈子太长了'。所以婚姻不能将就，鞋只有穿在自己脚上才知道舒不舒服，因为一辈子太长……

"继父是一个懂得生活艺术，很讲究，很上进，很努力的男人。"

（五）

有的人看了《中国式关系》会骂刘俐俐矫情，可一辈子太长了，但凡一个男人为你有所改变，她都不会拖女带妈另嫁他人。因为这一步是一个女人的下下策。一个什么样的男人会逼女人走下下策？

马国梁就是那种传统男人的缩影，甩手大掌柜，以为家务活儿都是女人的事，我供养你，一切就 OK（好）了。

就如一位作家说的："女人不是你的工具，给你做饭生孩子，她是跟你共度一生的伴侣，她是人，是女人，是完全不能用生理需求来满足的女人。"

而传统意义上的男人，就认为我养你，我供你吃喝，就是婚姻。

《廊桥遗梦》里女主角有句很可怜的涵盖女人一生宿命的话："我活着的时候，属于这个家，但愿死了以后，属于他。"

如果婚姻是让一个女人从神坛走向了祭坛，那么好多丈夫就是背后的得力推手。一个真正的好丈夫，应该让他的女人身在祭坛，犹住神坛。一个绝世好丈夫就是让她的女人永在神坛。

如果你去疏通一条刚刚堵塞的下水道，那还不怎么费劲；如果你去疏通一条常年堵塞的臭水沟，那就需要全副武装自己，还不一定能通。

所以，如果明白我这个"清洁工"的不易，就更应该知道，好的婚姻就是两条常年奔腾不息的小溪欢腾地奔涌向前；坏的婚姻就是两条臭水沟流到了一起，两条臭水沟沟通起来就有限了。

要知道臭水沟也能熏死活人。

找一个能谈一辈子恋爱的男人

现代婚姻都很脆弱，禁不起一点儿风吹雨打。

前段时间，一个姑娘要举行结婚典礼，但在婚礼上因为酒水多少的问题跟新郎拌嘴，婚礼进行到一半，说撤就撤了下来。这场婚礼算是没有完成她的仪式就匆匆结束了。

其实现代婚姻都建立在物质的基础上，没有内在因素让两个人在一起的话，婚姻真的岌岌可危。

一段婚姻如果以"财"相聚，就会以"财"结束。财多而聚，财少而散。

所一段太注重美貌的婚姻，势必会一步步走向衰败。因为现代美女大多不像古代美女，能修身养性，结婚后还能诗词歌赋不停地学习。

古代的美女，貂蝉比月亮还美，还会弹琵琶；昭君有男人的豪迈，还会弹古筝；赵飞燕体态轻盈，还会唱歌跳舞；蔡琰貌若天仙，还写有《胡笳十八拍》；李师师花容月貌，还会下棋。

如果现代女人有着如此动人的才学，试想男人会离婚吗？

（二）

好多离婚，原因莫非两种：面子没有面，里子没有里。所以好看又好用的婚姻，大抵需要双方共同努力，共同经营。

曾经在一次旅游途中碰到过这样一对夫妻。他们一路上有说有笑，有打有闹，两人的儿子可都已经上高中了。途中好多男人打趣："这个年龄段哪，见了老婆是躲着，没想到你还黏着。"

那人笑笑："我老婆可逗了，不信你跟她聊会儿。"

他老婆笑笑说："别听他的，听他一句话，牙缝就很大。"

一帮人笑作一团。那人就说："我老婆一直是个活宝，逗了我二十年。"他老婆接话："我哪里是逗你，我是人来逗，别人都人来疯，我是人来逗。"

后来吃饭的时候，那人给老婆出了一题："木村拓哉和福山雅治让你挑一个睡，你睡哪个？"

她回："木村拓哉（坚定、不假思索、毫不犹豫）。"

然后，她问道："问题呢？"

男人发蒙地说："问完了呀。"

她有些无语："我还以为你要立马给我联系木村拓哉呢。"

男人用手指弹了一下她的脑门儿："想得美。"

作为一个"八〇后"，我都不知道木村拓哉和福山雅治是谁，他们却在一旁谈笑风生。要说，婚姻有永不生锈的法门吗？那我告诉你，有，就是不断进取。

如果婚姻是面哈哈镜，在里面我们都照出了自己的扭曲和丑态，有的人却把它过成了显瘦镜。

钟丽缇，今年四十六岁，在跟新任"小鲜肉"结婚后，两人出去玩，滞留在酒店里，钟丽缇选择的不是抱怨，而是跟老公张伦硕一起"嗨"起来。两人看着 MV（音乐短片），穿着棒球服一起热舞，全程默契、自然、愉快。

你可以想象，飞机晚点，滞留机场是个什么场景。

我遇到过这种情况，当时有一对夫妻就在我面前吵了起来，男人抱怨女人："我说不要今天出门，你非要出门，今天本来就不是黄道吉日。"女人就火气十足地看着男人："闭上你的乌鸦嘴。"

男人骂道："是你乌鸦腿，哪天出门不好，偏偏今天。"

两人骂着骂着，几乎要厮打起来，之后整整两个小时，两人没有说一句话，完全在枯燥、沮丧和埋怨中度过。

生活中这样的例子还少吗？当激情退去后，我们剩下什么来维持？就是那份心态。

(三)

我们有太多的精力去协调人际关系,却没有精力去协调婚姻关系。其实人在一生当中,在婚姻中待的时间最久,婚姻的好坏,从你脸上一眼就能看出来。为什么有的女人显老,有的女人越来越年轻。因为有的婚姻就老,有的婚姻就年轻。而这一点,多数人是不知道的。

有的婚姻枯竭得很快,因为没有营养供给婚姻,两人本身就营养不良,需要营养。

婚姻的饱满度,还要看此人的营养程度。有的人也想像别人一样打情骂俏,出一个新的高度,奈何自己的激情不够、才华不够、精力不够。

就如贾宝玉说的:女孩儿未出嫁,是颗无价之宝珠;出了嫁,不知怎么就变出许多不好的毛病来,虽是颗珠子,却没有光彩宝色,是颗死珠了;再老了,变的不是珠子,竟是鱼眼睛了。分明一个人,怎么变出三样来?

在贾宝玉这样一个多情公子眼中,女孩儿都是水做的骨肉,个个清纯美好,可一旦结了婚,就变得庸俗起来。他这看似荒诞不经的奇谈怪论,其实也从某个方面映射出了女人一生的经历和变化。

女人结婚以后,在岁月风刀霜剑的威逼下,昔日红颜一天天老去,在生活柴米油盐的熏染下,也渐渐失去了女孩儿家那种清纯和浪漫,变得世俗起来,有的更是沾染了虚伪、自私、势利、斤斤计较等坏毛病,就成了贾宝玉所谓的没有光彩宝色的"死珠子"。而到了昏聩老迈、行动迟缓的暮年，就更成了不招人待见的"鱼眼睛"了。

记得一次同学聚会，因为那个时候刚刚毕业，大多数人没有稳定的工作和收入，我们就提议 AA 制。有个女同学就说："那还聚什么会呀，不去了，一个人掏三百块钱，够我买一个月的菜呢。"

生活所迫，女人最终变成不招人待见的鱼眼睛。现代好多女人，几乎所有的日子都只是围绕着家庭转，把所有时间和精力都投入对家庭的经营中，而她们自己，恰恰是这个家庭中地位最低的。

（四）

女人人性中的短板，多是由她的家庭出身带给她的，或者是由她之后的婆家生活中的琐碎事情决定的。

我们从《红楼梦》中可以看到，在一个家庭里，做媳妇的地位明显低于家中的姑娘。小说中多次描写了吃饭的场面，即使如王熙凤那般赫赫扬扬的人，在大家一起吃饭时，她也只能和李纨站在地上布让，而贾府的那些姑娘却能理直气壮地坐在那里吃饭。

王夫人有一次对王熙凤叹道："你林妹妹的母亲，未出阁时，是何等的娇生惯养，是何等的金尊玉贵！那才像个千金小姐的体统！"从这句话里也可以看出，未出嫁的大家闺秀，在家中的地位还是非常尊贵的。

可媳妇就不一样了！抄检大观园时，探春就敢于对王熙凤冷笑和怒斥，而在众人面前威风凛凛的凤姐却只能对她赔笑解释；惜春也敢于对尤氏直言不讳、冷言冷语，而她的嫂子尤氏只能一再忍耐。古代小姐和媳妇在一个家庭中的地位，由此可见一斑。

挪到现在，只是换汤不换药。现代女性思维独立了，但家中大大小小的事情还得操持。

就如马薇薇说的："我们干着小姐的活儿，领着丫鬟的薪水。"

对于一个入不敷出的女人，你对她谈一辈子的恋爱，就像走进妓院要谈清纯，多是令人发笑的事情。

（五）

一个已经工作了十二个小时，回到家还要洗衣做饭的女人，你跟她谈恋爱。我想你得到的不会是爱情，而是拳头。

当然，一个有顶级魅力的女性，或者男性，他们往往喜欢在荆棘地里种玫瑰。这样的人是有的，可你是否敢肯定自己有足够的魅力能遇到这样的人？

孙俪，我们的"国民娘娘"，每天拍完戏要看书，要带孩子，同时还要跟邓超在微博上各种搞怪。可全中国只有一个孙俪，被邓超娶了。

女人的不同，多在于那一丝情趣的不同。就如歌词里唱的："就算生活给我无尽的苦痛折磨，我还是觉得幸福更多。"

女人的美和小孩儿的天真一样，都是自然的造化。但它们是脆弱的，太容易被岁月侵蚀，也太容易被世俗腐化。

找一个能一辈子不被腐化的女人，你就能谈一辈子的恋爱。

男人的幽默跟世俗是相连的，多数男人在世俗中逐渐变得庸俗起来，变成了赤裸裸的欲望。找一个能幽默的男人，你就能谈一辈子的恋爱。

第二篇

人生篇之『你没有权利出卖你自己』

人是怎么一步一步变穷的

　　我的一个朋友给我打电话说，她家里有姊妹三个，她是老大，生活还算富裕。前段时间，她母亲生病了，要轮流照顾母亲，可她那两个妹妹死活不愿意抽时间去照顾。一个说，上班忙，走不开；一个说，父母对她不好，一直对她有成见，现在需要人了，知道来找人了。总之各种推诿。

　　在电话里，能听出朋友非常伤心。

　　她说："其实父母对儿女都是一样的，没有偏心谁，可我那两个妹妹就觉得父母对我好。不是父母对我好，只是我生得比较富裕，经常给父母钱，或者买衣服，逢年过节我都会陪着父母，显得父母跟我亲近。天下父母对儿女都一样。"

　　我问："那你母亲住院，你一个人忙得过来吗？无论父母如何，照顾父母是儿女应尽的义务和责任。"

后来，真的是朋友一个人在医院照顾她的母亲，其间两个妹妹就只是去走了一趟。

我这个朋友在电视台上班，也是日理万机，昼夜奔忙。可为了母亲，她宁愿被扣工资，请假照顾。

当年她进这个单位，虽是托父亲的关系，但更多是由于她这个人平时就比较上进。其他两个妹妹看着眼红，从此结下了梁子，觉得父母偏心。

就像朋友说的，就算让她的两个妹妹来电视台上班，她们也未必干得长久。她们没有文凭，当年让她们好好学习，可她们都不喜欢学习；两人都好吃懒做，总是想找一个轻轻松松月入万元的工作。

而朋友是赶上了这个好机会，加上自己也有口才、有文凭，方方面面正好吻合。可这些年就是这根刺，横在姊妹中间过不去。

朋友还说，父母出院后，姊妹两个上门去跟母亲借钱，一言不合就开撕。

后来是朋友给了父母一些钱，才把两个妹妹打发了。她不想让两个妹妹伸手问父母要钱，害怕父母伤心，母亲身体本就不好。

佛教里讲，你所付出的一切，有一天老天爷都会还给你。你索要的一切，有一天迟早要还的。

朋友的日子越过越好，并没有因为比两个妹妹慷慨就生活质量下滑。反倒是她两个妹妹的生活很拮据。

有的人总是觉得生活欠他的，父母对他有偏见，同事对他很刻薄。其实想想，都是自己的格局让自己的日子越过越窄。

　　我的另外一个朋友，她在家里排行老大，还有个妹妹。当年毕业，正好赶上最后一批分配，轻而易举就进了单位。可等到她妹妹毕业的时候，正好就不分配了，她妹妹却非要她父亲再去找她的叔叔帮忙。父亲去找了叔叔，叔叔很为难地说："不是我不帮你，现在真的帮不上忙了。"

　　于是妹妹就对她叔叔有了成见，觉得他待她不好，父母亲也没有卖力去给她求人。

　　这个朋友后来找了一个对象，人很上进，单位也不错，效益很好，短短五年，两人在市里拼搏奋斗，买了一套小户型的房子。

　　她妹妹就不满意了，提起来就说父母对她很偏心，如果当年托人把工作找好了，自己现在也会过得很不错的。

　　姊妹两个之间隔阂很大，尤其今年，朋友又买了一辆车子。

　　她妹妹在城里打工，有一次下班很早，就打电话让姐姐开车把她送回老家。由于当时朋友刚考的驾照，技术很烂，是个"马路杀手"也说不定，她就说了一句："你坐出租车回吧，你姐夫不在家，我开车技术不是很好。"

　　她妹妹就说："你现在是城里人了，都买上车了。如果不是当年父亲求爷爷告奶奶，你能有今天？"说完，她妹妹就挂了电话。

　　朋友那天非常伤心。虽然这些年她跟妹妹之间有个解不开的结，但她没有想到她妹妹会把话说得如此难听。

　　这些年她妹妹跟父母住在一起，父母有个头痛脑热的，都是朋友第一时间赶回去，能不让妹妹效力的绝对不会麻烦她。如果住院，住院费也全是朋友出。

我发现这些爱计较的人，生活会随着他们的性格变得越来越艰难，而那些宽容的人，也许因为本身有了宽容的性格，所以一路都走得比较顺利。也许会有坎坷，但他们总会往好处想。

我这个朋友经常跟我说："如果有来世，我不希望跟我唯一的妹妹闹得这么不开心，我希望她来上我的班，我回农村跟父母住一起，我相信我也会生活得很好。"

狭隘就是一把双刃剑，伤人伤己。就算让他们占有你今天所拥有的一切，迟早有一天他们也会因为性格上的偏执和狭隘而失去所有。

人的福报，是由他的福心和福相决定的。有些人常常说，如果我早一年毕业，就不会是这样的命运，如果我生在大富大贵的人家，就会怎样怎样。可他们从不去想为什么别人会有那么好的机遇。

事实上，是他们的福心让他们有了好机遇。你想想，那么多"如果"，为什么偏偏落在了人家的头上，而不是你？

当年，我父亲继承爷爷的工作的时候，那简直就是一场宫斗厮杀。所有的儿女都认为这份好工作会落到自己头上，唯独爸爸不争不抢。他说，他不想因一份工作毁掉了人间最美好的亲情。

可工作只有一份，儿女好多个，这就是血淋淋的事实。

父亲跟爷爷说："无论你让谁继承工作，我相信，我不继承这份职业也会生存得很好。你放心。"

可爷爷在所有的儿女中就看好父亲，因为他淳厚、踏实、上进、努力、坚韧、乐观，他有着所有老农民拥有的美好品质。

最后，爷爷让父亲继承了工作。可从此，父亲成了孤家寡人，承受着来自四面八方的攻击。而这些正是一奶同胞的几个兄弟姐妹带给他的。

二十年过去了，因为此事，他们一直不和。父亲时常夜不能寐，他说过："如果有下辈子，我希望咱们整个大家庭不是这样的。"

是的，在所有的兄弟姐妹中，我父亲是生活得最好的，不是因为他继承了爷爷的工作，而是他饱读诗书，兢兢业业了一辈子，从来不会因为工作忙而不提升自己。这份工作，我想，如果当年给了他兄弟姐妹中的任何一个，他们都不会干好。

如果给了他们，他也不会嫉妒，只会把每个今天过得更出彩。

后来，我发现那些成功的、生活得很好的人，其实都是因为他们性格上的美好而有了这一切，不是因为嫉妒或其他。

嫉妒就是刑具，毁掉了自己。越是贪婪的人，越过不好这一生。

人生在世，如身处荆棘之中，心不动，人不妄动，则不伤；如心动，则人妄动，伤其身痛其骨，于是体会到世间诸般痛苦。

我们该抱有一颗平常心去看待今天生活给予我们的一切，不属于我们的，绝不能心存恨意。

越是格局大的人，最后往往越是人生大赢家。他们拥有大的格局，才有了今天所拥有的一切。

为什么她比你穷，比你快乐

（一）

在我们小区后面有一排菜市场，那里每天都有好多小商小贩在叫卖，有卖蔬菜的，有卖水果的，有卖笑的。

各家各户技艺超群，有的拿喇叭唱歌，唱出自己的萝卜有多滋补，有的还搞段子，说丝瓜是自家种的，补肾补到夜夜强。

有一家是我下班后常去的，店里有夫妻俩，女人个子很矮，像个滚筒，说话声音粗哑，像个炮筒；男人个子高瘦，像挂衣服的竹竿。

他们的相同之处，就是两人常年面带微笑。

我写过很多夫妻，他们或者如朱门酒肉般奢华，抑或在鸡零狗碎里矫情，但这对夫妻，能让你感觉到繁华都市里的一种踏实。

没有欲念，没有奢望，就是笑着卖菜，笑着生活。

我见过很多一经打击就泄气的人，但他们不是，打从我搬入这个小区以来，他们已经笑了十年。

黄磊说过：一蔬一饭，皆是生活；一勺一菜，都是爱。

大多数人的生活就是一饭一粥，大多数人想逃离一饭一粥的生活，拼命挤出这个世界，挤来挤去却只是破了头颅。

（二）

我每次去买菜，女的都会笑着说："二十元八角，给二十元吧。"

我会问："价钱优惠是看我有气质吗？"

女人笑笑："看你下班后来买菜，够辛苦。"

如果她知道我每天还熬夜为公众号写文，可能会给我省去前面的二十元吧。

男人笑笑："是呀，漂亮的女人，我们会说二十元吧；一般漂亮的，我们会说二十元五角吧；丑的，是什么价就什么价。"旁边买菜的都随之笑起来。

他们家生意常年很好。有一次，他们家店里只有女人一个人，我就问："你们家男人今天没有来店里帮忙啊？"

她笑着回答："他一早去进菜，跟别人相撞了，车子被交警扣了，不过人没事。"

我问："哎呀，那可怎么办哪？车子要去交警大队要回来，还真不容易呀。"

她说："生活就是这样，哪里还能成天一帆风顺，关键是人没事，我就放心了。"

你看，人就是这样，我们总是攀向最高处的智慧，却忽略了最低处的哲学——只要人没事，有什么理由让我们悲观。

一个卖菜的人教会你的，你不 ·定能在仓央嘉措那里学到。

所以，生活不是缺美，而是我们急着去远处寻找美，忽略了近处的美。

第二天，我去的时候，夫妻两人在讨论车子被扣一事。

女人说："不好要就算了，只要人没有被扣下就成。咱们努力卖菜，年底买一辆新的。"

男人跟所有买菜的人笑着说道："你看俺这媳妇，就这点，没啥可说的，每次遇事，总是先安慰我。就像甄嬛一样，皇上一遇事就安慰皇上，说是别人的错。"

买菜的一个男人就调侃："会安慰人的女人，背后都藏着别的男人。"

女人摸着自己圆滚滚的后背说："就我这背，哪个男人来藏啊。"

旁边站的人都笑起来，气氛甚好，堪比五星级卖菜店。

（三）

另外一家菜店的两口子，那简直就是彼此终身的差评师。

一大早，男人进货回来，冻得手直打哆嗦，女人还吼叫道："磨蹭什么呀，你看这么多人等着买菜，还不赶紧解开袋子拿下来，还在那里磨磨叽叽的。"

男人怒目而视："你自己没有长手哇，我进货已经不容易了，冻得要死，你还唠叨。"

女人边骂边解开袋子："你看看，又进这么多。都跟你说了，这菜进得多了会剩下，会扔掉，你是聋子还是瞎子？"

男人说："你除了会唠叨，还有别的本事没有？"

有一次，他们俩正在吵架，我刚好进去，一个白菜帮子就扔在我光洁的发髻上。

那是男人多找了钱给顾客，客人走后，男人突然想起来，本来是三十元，人家给了五十元，他又找了人家三十元。男人一拍脑门儿："真瞎了，多找了人家十元。"

女人一听，气不打一处来："你成天怎么这么蒙啊，一天能赚多少，被你这样败家。"

男人说："都是因为你唠叨，把我弄糊涂了。"

女人说："你找错钱，还不让我说，我就唠叨怎么了？"

男人说："闭嘴吧。"

女人一个白菜帮子就扔过来，我刚好进去撞上，白菜帮子挂在额头上，像极了皇上的珠帘帽子。关键是这个时候，两人没有给我道歉，还在继续吵。

女人抽泣起来："跟你过，就没有一天好日子。"

男人说："那你去跟别人过呀，我又没有拦着你。"

女人气愤地冲了出去。男人帮我从发髻上拿下菜帮子说："对不起呀。"

这个时候，我还有心情买菜吗？我的形象已全毁了。

(四)

回到家，我跟老公讲起这件事，说当时他们夫妻俩吵得很凶，我估计自己是被他们吓到了，那菜帮子就挂在我头顶也不知道拿下来。

老公笑得岔气，说道："都说了，你要去那家好评店，不要去差评店。"

你瞧，一样嫁的卖菜老公，却有着质的不同。

有的人有本事把干瘪的日子过得丰盈，有的人有本事把丰盈的日子过得干瘪。

大多数夫妻是平凡世界里的平凡夫妻，可是平凡中的快乐却让他们不平凡。

就如《小别离》里的方圆，观众看方圆千般好万般好，媳妇文洁却跟好友佳妮说："其实他胸无大志，赚钱不多，你们看见他的好，是因为我配合他。"

在《太太万岁》里，舒心晚上跟老公说："老公聊会儿吧。"

老公说："聊啥呀，白天累死了，早点儿睡吧。"

舒心说："就聊两毛钱的好吧。"

两人就聊了起来，其实多数婚姻就是找个陪你说闲话的人。

（五）

婚姻就是个游泳池，开始都是一个猛子扎下去，然后有的学会仰泳、狗刨或蛙泳，有的技术学得刚好淹不死，有的就淹死了。

前几天看了《被误读的林徽因》一文。文中说，好多人觉得林徽因是嫁入了豪门——建筑大师梁思成家里，要吃有吃，要喝有喝，每天就拨弄那些常人拨弄不了的文字度日。

花前月下，卿卿我我，是她的常态。

可世人皆不知道，她在一段没有爱情的婚姻里做了些什么。她曾不惜艰辛，不顾重病，与梁思成多次深入晋、冀、鲁、豫、浙等十多个省市，走过一百九十多个县，实地调查勘测古建筑两千七百多处，并协助梁思成完成《中国建筑史》。她是中国建筑历史与理论的奠基者与先驱，国徽、人民英雄纪念碑、八宝山公墓等，都是她参与设计的作品。

她从来不坐在豪门里故步自封，而是把婚姻变成了世人传说的佳话。

很多人被婚姻点了名，但都是死名册。

下班后的时间决定你的一生

年轻时候怕寂寞，总是下班后三五成群去 KTV（配有卡拉 OK 和电视设备的包间）；年轻时候怕独处，总是三五哥们儿酒一喝。

一个朋友跟我说，每周她都会找个时间去图书馆，因为那里让她仿佛回到学生时代，而一回到家，她就得扮演各种角色，母亲、儿媳、妻子，唯独没有自己的角色。

这话听着心酸。社会赋予了女人太多角色，这些角色里唯独没有一个叫"自己"的角色。

尤其是当今社会，我们怕挤不进圈子，怕被朋友遗忘，怕被同学遗忘……所以，我们拼命扮演社会给予我们的角色，拼尽所有体力去挤、去争、去抢。

最后发现，能让人不遗忘的唯一方式，就是不挤、不争、不抢。当然，不是让你成天游手好闲。

一位作家说过："下班后的几个小时才是你的人生。"

在我们写文的圈子里，有一个作家已经出版了八本书，我在惊叹的同时，听了她的故事。

她很胖，交际上有些内向，不怎么喜欢跟人交往，说话总是颠三倒四，理不出头绪，被人瞧不起，单位里的人也不是很重视她，导致她有轻微抑郁症和交际恐惧症。

于是三年里，下班后别人总是三五成群去玩时，她就回家看书写作，整整三年，一天没有落下，即便"大姨妈"来了身体很不舒服，她都坚持不懈。

孤独让你前行，寂寞让你增值。

不要急于去融入圈子，也许孤独才是提升自己的最好礼物。如果你的内在得不到成长，外在就是一团糟。

我的一个读者，每次给我的文章打赏都是两百元。后来他加了我的微信，我才知道他是开公司的，公司原本在英国，现在搬回国内，他才发现国内市场不是很好打开，生意不是很好，但还算有起色。

十年了，他得靠安眠药维持睡眠，因为每天忙到凌晨已经过了睡觉的点，生物钟完全紊乱，只好以安眠药维持。不过最近回国喝中药还可以，身体恢复了不少。他曾开玩笑地说："中国走向世界的两大奇物就是中药和美食。"

他也说过："偏执狂才能成功。"

我说："那是牛顿说的，不是你说的。"

他笑笑说："真的只有疯子才能胜任这个世界。"

我想说，这个世界是给有毅力的人准备的。

有一个朋友在单位上班，是个一般职员，每年拿着微薄的薪水维持着生计，近几年单位不景气，工资下滑，物价上涨，他的生活几乎是艰难地前行着。

前两年，他辞职了。

每次见到他，我都说："快找个工作吧，别成天游手好闲了，逛来逛去的。人生都荒了。"

他笑笑说："不急，不急。"

一年后再见到他，他体格健壮，瘦了二十斤，有了八块腹肌，人也很精神，自己开了自媒体，学了摄影，读了一百多本书，去了好多地方，正在考研。

我才知道，为什么一年前，他消失在"公众"面前，甚至在朋友圈消失。因为他去努力了，努力成为别人喜欢的样子后出现了。

他说："这才是我想要的人生。而在这一年里，我想三五成群喝酒的时候，忍住了；我想三五成群去吹牛的时候，忍住了。我把自己归零，在寂寞、孤独中提升自己。我曾经以为存在感就是多刷几遍朋友圈，现在才知道，存在感就是在朋友圈消失。"

我的另外一个朋友，在职的公司快倒闭了，他每天去签到一下，就回家闷头睡大觉。到后来，公司彻底倒闭后，他找不到工作，人也越来越胖，越来越懒，胖了二十斤，整个人像个土豆在地上滚来滚去。

因为以前清闲惯了，上其他的班他都嫌累，最后回了老家，待在父母身边，找了一个闲职。

他提起他的人生总是一句话："我命途多舛，时运不济。"

他不是特例，很多人都是这样，待在父母身边，工资不够的时候，可以啃老；不想上班的时候，可以睡懒觉；晚上几个狐朋狗友出来聚聚，打发人生。许多人的人生时光就这样轻轻地溜走了。

我收到过一封来自大学生的信：我来自农村，上了大学才知道，他们都在三五成群玩游戏，我不加入显得我孤僻不合群，加入又觉得浪费时间，不知道该怎么处理。

当然，大多数人都是平凡的人，不能像俞敏洪当年一样，既给同宿舍的人打水、扫地、陪聊，同时也能读书写作，交到徐小平这样的牛人，还能办新东方。

可大学时光，就是一个人增值的最好时光，现在像我们毕业很久的人，才知道过上有家有口的日子后，读书是一件多么奢侈的事情。我们得辅导孩子写作业，等孩子、老公睡了，一看表已经 12 点了，第二天依然是这样的朝九晚五，读书对于我们来说，比莫泊桑笔下的那条项链还奢侈。

如果大学四年，你不甘寂寞，毕业后就面临被淘汰的局面，你得考虑；如果大学四年，你学无所长，毕业后就面临被嫌弃的局面，你也得面对。这就是生存，任何人都不会怜悯你。

上次在网上看到一篇教育孩子的文章，这篇文章一夜走红。好多网友纷纷感叹，为什么自己不能一夜走红，坐享天上掉馅饼。

我看了作者的文笔，那妙语连珠，那故事构架，并非一日之功，没有十年的文字功底，成不了今日的"网红"。

所以，不要羡慕别人的成果，别人背后付出的努力远比你想的要多，以前有头悬梁锥刺股，在我看来，一点儿都不为过。

好多人看起来叱咤风云，背后却不知道喝了多少安眠药。金星采访过刘烨，刘烨提到自己今日的名气，皆是昨日的安眠药起了作用。有时候演戏演到凌晨3点，已经睡不着了，而第二天还得连拍，精神不好，只能靠安眠药。有一次拍武打片，凌晨4点才完工，而第二天要换个场地，还得坐车倒腾很久，前天晚上也没有休息好，第二天真是快崩溃了。

金星说："所有的成功都是用晚上换来的。"

所有成功背后，没有一片光滑的地方，不要羡慕别人脸上的光环，那是用你逛街跟喝酒的时光换来的。

那光环背后的血泪，你永远看不到。

请收起你的"穷人"心态

有好多跟我年龄相仿的女人过来问我："老师，我现在努力还行吗？我都已经是两个孩子的妈妈了。"

我这样回答她："我今年三十五岁，刚开始学习写作，用半年时间写了一百万字，出版了书，办了公众号。要说晚，我最晚。"

在这半年时间里，就如傅园慧说的，鬼知道经历了些什么。你们苦了，总是说出来，我嘛，从来不说，我像雷锋一样写下来。

枣仁安神颗粒从未离开过我，因为常常看书看到半夜，有时候就失眠，只好吃药。雷打不动地看书写作，是什么情景，就连母亲住院，她老人家一边输液，我还一边啃书、写字，母亲的手上鼓起个包我都不知道。

旅游？先生说："你不去远地方旅游，咱们就去近地方，一日游如何？"

我问："能带电脑吗？"先生准许了，我才去了一日游。

游玩途中，先生说："快看，那男人给女人照相，摆的姿势真有意思呀。"

我则马不停蹄地拿出电脑记录下来，活脱脱就是徐霞客游记。

前几年，我的一个朋友被男人抛弃了，男人在外面有了"小三"。她打电话问我："老师，你说，我现在想考研是不是很幼稚？"

我给她讲了我先生的故事。

两年前，我先生报考了研究生，因为之前一直是他辅导孩子的作业，所以考研期间，他一边挤出时间看书，一边辅导孩子作业，常常是我这边写完了，他那边也学习完了。我们起身打个招呼："嘿，你还在呀。"

一看表已经是凌晨 2 点了。

两年是什么概念，先生跟我说，他当年初中、高中都是尖子生，我才知道，所谓的尖子生就是苦读。没有别的捷径可走。

今年他考研成功，他开玩笑地说："我已经习惯了考研。"言外之意，就是习惯了非人的折磨。

不要羡慕别人比你耀眼，背后付出的艰辛往往是常人难以想象的。有好多人成功了，总是耸耸肩，没有什么难的呀，就是这样一路走来，很幸运。别听他们的，我告诉你，那是为了让他更好地绝尘千里，让你们望洋兴叹，好保持他的偶像形象。谁的生活都是一本苦尽甘来的哲学，没有一个人可以逃脱。

当年的周杰伦，没钱，没名，没女友，而且因为在单亲家庭长大，他性格沉默而孤僻，走起路来更是低着头……

杰伦第一次参加选秀节目，评委批评他唱歌时口齿不清，第一轮他就惨遭淘汰。下台之前，坐在评委席上的吴宗宪提出要看看参赛选手写的谱子。唯独杰伦，连草稿都写得干净而整洁，别的创作型歌手，谱子画得像一团乱麻。看完，吴宗宪说："下周来我公司报到。"

因为认真，他得到了人生中的第一次机会。那一年，杰伦十八岁，一无所有，只有对音乐的热爱和一丝不苟的认真。

也许是惺惺相惜吧，杰伦在公司遇上了同样怀才不遇的填词人——方文山。然而，两人辛苦的付出却不被认可。

他们写过一首名为"眼泪知道"的歌曲，被吴宗宪推荐给了刘德华。刘德华只不过轻轻瞟了一眼歌词，竟连连摇头说："眼泪怎么会知道，眼泪要知道什么呢？"最后这首歌给了温岚唱。

他们为了向李小龙致敬，给张惠妹写了一首《双截棍》，阿妹却认为曲风怪异而不接受。

《可爱女人》本是写给吴宗宪的，宪哥写好了词，叫"春夏秋冬"，可是实在唱不来，于是退货，之后让徐若瑄填词。

《忍者》是写给张惠妹的，阿妹当时根本无法想象这种稀奇古怪的曲风会被喜欢，更不用说拿来自己唱了，认为不合适而退了。

……

一年很快过去，依然没有歌手愿意唱他们的歌。

2000年的一天，吴宗宪找到他说："你这些歌曲，别人不喜欢唱，但是我感觉还不错，那就你自己来唱。如果你三天之内能写出十几首歌，我就从中挑出十首歌，给你出一张专辑。"

杰伦深知这也许是自己唯一的机会了。他先去买了一整箱方便面，然后把自己关进了工作室。那次真的完全拼了命，居然写歌写到流鼻血……

十天之后，同名专辑《Jay》横空出世，当年在台湾拿下了五十万张的销量。杰伦红了，名字传遍台湾，吹到大陆，后来当电影导演也是水到渠成的事，他和方文山也成了绝配的搭档。

周杰伦一直知道自己的长短，自知不是"读书的料"，从不花费时间去做跟音乐无关的事。

一个男生，可以不帅，可以不念书，可以没钱，可以不善言谈，但是一定要对自己所钟爱的事业认真！否则，你的一生也就这样了。

正如杰伦所说，一个厉害的、不平凡的人，书不一定要读多好，但是一定要有一技之长。

上面提到的她男人外面有"小三"的朋友，去年考研过了一半，给我来了一个电话："我每天晚上要去学习，孩子要去辅导班，白天还要上班，家里没有个男人，有时候真的累得想哭，觉得做人好艰难。"

我想回答，这世上有一种人很舒服——死人。

后来她考研成功，在公司升到了部门经理，令她欣喜若狂。可回忆起她的考研路，简直就是一部慎刑司。

　　我说每个人的人生都是一部慎刑司，那些看上去偷懒的、不努力的人，其实更难，他们要在当今这个不努力就会被淘汰的社会里待下去，要承受别人的白眼、践踏、嘲讽，甚至是冷漠。

　　你不努力就要遭受万箭穿心的待遇。

　　没有看起来毫不费力的人，所以，请收起你的"穷人"心态，继续朝前。那些闪光的人，夜里掉了多少眼泪你没有看到；那些表面风光的人，夜晚被虐过多少次，你无处考究；那些白天灿烂微笑，晚上经历生死的人，你统统不知道；那些白天站得耀武扬威的人，晚上不知道是如何鞠躬跪着的。他们付出的，你永远看不到。

　　那些人，之所以有今天，是因为他们晚上跪着，白天站起来上路；晚上哭了，白天擦干眼泪继续前行。他们从未停歇，从未拖延，一直在路上。

你不应该被任何人收购

我是在一次朋友的生日派对上认识 A 女士的。她雍容华贵，举止端庄，眉宇间有轻浅的笑。

聚会散去，几个人一起到了朋友家，A 女士给大家熬了养颜汤并做了个烘焙蛋糕。

那汤做得美味极了，那蛋糕做得可口极了。我们几个均啧啧赞叹，这手艺都能开蛋糕店、女士养颜店了。

A 女士被我们的一句玩笑话说得收敛了笑容。

我们几个面面相觑，不知道 A 女士到底怎么了。

随后 A 女士开口了："其实你们不知道哇，我曾经开过一个琴行，小的时候，父亲对我就非常严格，别的孩子在野外玩耍，父亲脸色铁青地站在我身旁要我练习笛子一类的乐器，那时候我恨透了我的父亲。但成年之后，我倒是非常感谢我的父亲。"

她边说边起身去卧室拿出她的笛子，给我们吹奏了一曲，吹得悦耳动听，让人陶醉。

我们被她的才华征服了。

她笑笑："我只是个在家带孩子的女人，大娃已经上高中了，小娃还在上小学，还谈啥才华不才华的。"

突然觉得女人这一生为家庭、为孩子放弃了太多太多。

在男人事业鼎盛时期，女人可以说："家里大大小小有我照顾，你去忙吧。"而女人要出来干事业，男人就会说："一个女人家，瞎忙啥，在家老老实实待着吧。"

当你满头银发的时候，是不是会看着落日余晖，说："或许，我的人生该有另外一番模样，可是我错过了。"

如果刘涛的老公没有破产，恐怕连刘涛自己也不知道今日的她会如此光芒四射。是老公的破产，让她站了起来，让她重新面临自己的职业生涯，进而成为今天人们心中的"女神"。

大家熟知的杨丽萍，是云南一个山村里光着脚丫到处拾麦穗的乡下小姑娘，在洱海之源过着艰苦而又不无乐趣的童年生活。十几年后，她摇身一变，成为舞台上最绚丽的"孔雀"，向世人上演了一出现代"灰姑娘"的经典故事。

杨丽萍第二任丈夫是美籍台胞，一米八的个子，烫卷的头发留到肩膀，戴着一副眼镜，很斯文的样子。比杨丽萍大八岁的 Tony 外形颇有艺术气质，说话时偶尔会带有一点儿台湾腔调。尽管看上去

像是搞艺术的，但事实上他是一个商人，在北京做生意。据悉，Tony
在北京开了一家集餐饮、住宿、桑拿于一体的酒楼，经营状况还不错。

Tony 跟她结婚的时候，约法三章，要杨丽萍放弃舞蹈事业，选
择回归家庭。可杨丽萍断然选择了自己的舞蹈事业，于是 Tony 离开
她回了美国。

当年邓丽君在结婚的时候，老公跟她说："我要你在歌唱事业
和我之间做个选择，放弃一样。"

邓丽君选择了她的歌唱事业。

都说男女平等，我看很少平等，女人要选择事业的时候，男人
常常会甩过来一个问题：你究竟选择我，还是选择你的事业。

男人选择事业的时候，女人则会一如既往地支持他。

不可否认，有的女性真的自带光芒，她的能量超乎你的想象，
甚至男人不可能完成的事情，她都能通过自己灼热的天赋来完成。

我认识一个女人，她一年可以签下上百万的单，用自己机智的
大脑和幽默的语言，打败商场上的无数竞争对手。但生了孩子后，
就一直被老公封锁在家里，不要她在外面奔忙，说可以养活她。

为了家庭，她放弃了自己的事业，说是家和万事兴，不想总和
老公争吵。

说到底还是男人的小心眼儿在作祟，女人可以欣赏你谈判时机
智的语言和游离在女性间的光辉形象。作为男人却受不了这一点，
他们本质上无法放任自己的老婆被别的男人欣赏，被别的男人爱慕，

这就是封建的根在作祟。

好多女性一直在为自己的幸福跟封建思想做斗争。

巴金先生的《家》中，觉慧对家中的丫头鸣凤有朦胧的好感，高老太爷却要将鸣凤嫁给自己的朋友孔教会会长冯乐山做妾，鸣凤在绝望中投湖自尽，致使觉慧决心脱离家庭。

好多民国的才女亦是如此，譬如庐隐。她是一位"与冰心同乡，而又几乎与之齐名"的五四时期女作家，却长期被人们遗忘。她是一只向往自由的荆棘鸟，自始至终以苦闷的形象屹立于文坛，不畏艰难万阻，开辟了"自由女神"之说。

可是看看我那个会缝制旗袍、烘焙糕点的朋友，她的人生从结婚那一刻起，已经被她的老公收购了。就如网上那句话：好多人的人生二十五岁就死了，只是七十五岁才把自己埋了。

你越是帮助别人，别人越是远离你

（一）

一个姑娘跟我说，她最近跟闺密的关系越走越远，问我是什么原因。

据我所知，这个姑娘家境特别好，父亲是做生意的，母亲是文化人，家庭教养也特别好。

这个姑娘经常在朋友圈晒一些美食、包包，以及旅游的地方、大吃大喝的地方，而且跟她的闺密逛街时总是无意中买一些贵的东西，这可能是一大原因。嫉妒是人之常情，尤其是女人的嫉妒心。

晒已经成了现代人生活的一种模式，有什么好玩的、好吃的、好看的，都想第一时间在朋友圈里晒晒。

晒本身就是一种招嫉妒的行为，有的晒是硬晒，就是本人并没那么牛，非要找名人在身旁拍个照晒晒，以显示自己很"高大上"。

有的晒纯属小女孩儿心思，而有的晒则关乎到关系安危。许多朋友可能会有这种事发生在自己身上，就是被你觉得非常好的朋友屏蔽了，却在其他朋友的朋友圈看到了他晒的东西。这个时候友情就开始慢慢转化，彼此慢慢变得陌生，渐行渐远。

比如，我在写文的时候，有时写到两性关系的话题，会分组屏蔽我的一些朋友，到最后好多朋友也屏蔽了我，造成朋友关系越来越远。

就如网络上那句话，如果你觉得别人在晒，可能是你缺。抱着一颗平常心去生活，无关别人屏蔽不屏蔽，只要不影响起码的生活就行，为什么非要较真儿。

（二）

2005年，房价上涨的时候，我一个非常好的朋友问我借钱，当时我正好也买了一套房子要付首付，就跟朋友说："我也正好买了房子，没有闲钱。"

老公说："你这样说，你朋友会相信吗？"

我说："相信我的人自然相信，不相信我的人我留也留不住。"

打那以后，这个朋友删除了我，将我拉入了黑名单。

后来我买房子遇到一点儿困难，就跟别的朋友借钱，那个朋友也是刚结婚买新房，没有多余的钱，婉拒了我，还再三不好意思地跟我解释。再后来，她便很久不跟我联系。

一次无意中碰面，我遇到了那个问我借钱的朋友。她这些年混得也不容易，刚刚买下一套二居室，生活得很拮据。她还对我当年没有借钱给她的事耿耿于怀，当我热情地要跟她唠家常的时候，她却装作很忙的样子，匆匆走了。十年没有见面，连一句客套的话都没有留给我。

另外那个没有借钱给我的朋友，在一次朋友给儿子办满月酒的时候我们遇到了，她满脸不好意思地看着我，说当年真是没有闲钱借给我。我说没事，谁家没有个坎儿，没有个难言之隐，过去就过去，别提了。

我发现，朋友之间，只要开口借钱，关系就会疏远。

（三）

我的一个朋友 A，当年房价上涨的时候，她买了两套房子。

A 有个弟弟，好吃懒做那种，住在农村，一直找不到媳妇，父母就跟 A 说："他好歹是你弟弟，先让他在你另外没有装修的房子里借住一段时间。简单地装修一下，等娶到媳妇，以后再让他搬出来。"

朋友弟弟住进去以后，父母就催着 A 赶紧在单位给弟弟找个条件好点儿的女朋友，就说家里有房有车。

A 不得不四处打听给弟弟找女朋友。由于条件也不错，不出一个月，找了个各方面条件还不错的姑娘，愿意嫁给她弟弟，另外，她看了房子格局也觉得不错。

父母一再强调，将来婚一结就把房子还给 A。

当两个人办完婚礼的时候，A 因为家里有房子住，也没有急着要弟弟搬出去，而且想着刚结婚，就让弟弟再住一些时日。

可朋友的老公不愿意，说借住着找到女朋友已经不错了，为了此事，A经常跟老公吵嘴。A就跟父母说了此事，要弟弟搬出那房子。

可巧的是，弟媳妇怀孕了，父母提出这次一定生完孩子后就搬出去。A无奈，只得等弟媳妇坐完月子再商讨。

又过了三个月，A的老公这次坚定地要她弟弟搬出房子。当父母跟弟媳妇说出这件事以后，整个事情就闹大了，弟媳妇不愿意了，说如果这房子不归她，当场法院见，离婚。

父母在中间两难，只好跪求女儿把房子借给弟弟住一些时日。

A看到父母都这样了，自己也声泪俱下地跪在地上："你们当时就不该这么做。"

可事到如今，能怎么办？

弟媳妇闹得很厉害，并且希望房产证上写上她的名字，父母也害怕她带着孙子一并离开，儿子就再也不好找女人了。

双亲都给女儿跪下，那是什么场面？

后来，A没有办法只好顺从母亲，可老公不愿意呀，跟A闹离婚也闹得很凶。

这是我见过的最闹剧的一出，A离婚了（不知道夫妻感情和不和，另外一说），离婚这件事对朋友打击很大。

由于房子事件，闹得弟弟跟弟媳妇对A意见很大，A离婚后，弟媳妇都没有上门来看望A一眼。

我跟A说："这年头，好人做不得。你说你为了弟弟考虑，可他身后的媳妇真的没有教养。"

朋友说，她打小跟弟弟受了很多苦。上学的时候，弟弟为让她上学，提前辍学打工，给她赚钱上学，她才得以考上大学，这份恩情，她想报答。

可报答有别的方式，为什么牺牲自己的婚姻。再说了，她弟媳妇根本就不领情啊。

后来，A 又跟老公计划复婚，在 A 老公的强力斗争中，房子硬是要了回来，但弟弟跟姐姐的关系从此闹得很僵，弟媳妇好几年都没有上门来看望过 A。

（四）

现代社会，情真的很脆弱。

我们要去感恩，要去包容。别人借给我们的，我们要回报并感恩。

有很多人不相信，厚德载物，德行天下，当你去仔细观察，会发现那些过得好的人，大多脾性好、性格好、品德好。佛语说：修行是点滴功夫，积的却是好运。

也许你会问，那些奸诈小人、歹毒之人，怎么过得都很好？有两种原因：其一，上辈子给人家积德了，很快就会让他用完；其二，出来混，迟早要还的。

所以，做人，要永远心存善意，不嫉妒别人的好。通过自己的努力，过到哪里算哪里，你会很开心。做人，要心胸宽广，借不借钱给你，都是人家的事情，抱着平常心看待。做人，要心怀感恩，帮助过你的人，你一定要铭记在心。

也许，你不会大富大贵，但你心中坦然，会睡得香甜。

我相信，好运会伴着那些心存善意并懂得感恩的人。

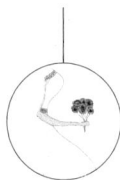

第三篇

打扮篇之『我爱你，就是因为你好看』

如何让男人真爱上你

（一）

在看《伪装者》的时候，喜欢里面的女主角程锦云。她端庄大气，知书达礼，家世清白，政治立场正确，有远大的理想、宏伟的目标，学历高，说得了日语，做得了料理，炸得了火车，杀得了鬼子，特别勤俭持家，不乱花钱，连一块二的栗子都舍不得买，还喜欢读书，精神境界高。

可众多网友喜欢于曼丽，因为她妖艳、妩媚，喜欢喝酒、跳舞，会勾引男人，让男人心头火辣辣的。

不要忘记，这部剧作是出自男人手笔，导演是鼎鼎大名的李雪，也是男人。他们是从男人的角度出发，去挖掘男人的癖好和爱慕的人，从男人的视角望去，他们爱的是程锦云这个女人，因为她更让男人欲罢不能。

明台去相亲，在眼镜店里与程锦云的那番对话，本身就让明台心生爱慕。

锦云想策反明台，对明台说："还要谢谢你的情报呢，我们的地下刊物上刊登了这条消息，投递到了伪政府的各个机关，沉重地打击了汉奸们的嚣张气焰，功劳簿记上你一笔。"

明台说："别趁机把我拉下水。"

锦云说："我以为你一直在水里。"

明台说："怎么讲？"

锦云说："送你句话，在民族生命危急万状的现在，只有我们民族内部的团结，才能战胜日本帝国主义的侵略。"

明台用十分崇拜的目光看着锦云："谁说的？"

锦云说："我党南方局书记周恩来。"

明台说："说得好，抗日救亡是每个中国人的事，不分彼此。"

锦云说："我跟你分过彼此吗？"

然后，你看明台那个崇拜羡慕的目光，他对锦云的爱又猛升了一个台阶。明台骚气十足地说："你帮我挑（挑眼镜）。"然后，眼睛就像黏在了锦云身上一般腾挪不开。

出了眼镜店，明台说："今儿天气真不错，咱们去法国公园转转吧。"

锦云说："不行，我还有事。"

显得自己很忙，不是那种只会谈恋爱的女人。

明台问："约会呀？"

锦云说："比约会还糟糕。"

明台问："相亲啊？"

锦云说："你能掐会算哪。"

明台吃惊："真相亲啊！"

锦云说"没办法，家里人帮忙物色了个富家公子，据说是读书人，一直在国外留学，将来说不定还在国外教书呢。"

此话一举两得。第一，是富家公子，以对方的身份来抬高自己的身份；第二，在国外留学，表明男方是个文化人，很体面。

（二）

程锦云说完，转身就走，给明台留下一个高贵典雅的形象，明台赶紧紧跟其后，补充道："咱俩还真有缘哪，实不相瞒，我今儿也相亲。"

锦云说："你骗我的吧。"

明台说："我骗你干吗呀，没办法，我家里人给我物色了一个千金小姐，据说，知书达礼，聪明能干。"

锦云说："听起来很优秀嘛。"

明台说："不是我说的呀，是我姐说的。"

锦云说："看你把相亲说得稀松平淡，你是过来人哪。"

明台说："没有哇，我是第一次。"

锦云说："今年的第一次？"

明台说："这辈子的第一次。"

然后，锦云就故作腼腆一笑，离开了，她的背影又留给他一个长长的回味。

网友都说："好装啊，不如于曼丽，多实在，多主动。"可你知道，男人要的是感觉，这方面，女人跟男人是一样的。他们可以很随意地睡一个女人，但不是每个女人都能给他们这样的感觉。那种把你的激情胃口吊起来，又不满足你的女人，实在让人着魔。

在一次执行任务时，两人被困在了宾馆里，宾馆晚上又断电，锦云跟明台同住一个房间，锦云坚持不跟明台同睡一张床。

明台说："假正经。"然后很难受地熬过了一晚上。

但他又好喜欢这种假正经，不像于曼丽，满脸都写着：你睡我吧。然后主动吻明台，主动倒贴身子。男人需要的是这个吗？是的，他需要，但他的大多数快乐是追逐的过程。

柔软与被动性，也许就是女人美丽和优雅的秘密所在，女人的优雅常常让男人变得手足无措，而女人偏偏又享受帅哥的手足无措。

作为一个女共产党员，程锦云办事利索，不拖泥带水，把理想放在首要位置，而不是男人。

一个有理想的女人，对于男人来说也是致命的诱惑。芸芸众生，美女太多，一旦有了理想，便比别的女人多披了一件华丽的外衣。

她每次都带着华丽的外衣，迅速转身，而后挑逗明台的软肋。她每次都是"我要走了"，"我不能逗留"，"我得离开"。

越是说"不能、不要"的女人，她的魅力越是大于一个"我要"的女人。

所以，最终明台深深爱着的是程锦云，而不是于曼丽。

（三）

以前看过《潮骚》一书，书中聊到精英男士喜欢什么样的女人。

大多数男人喜欢挑战优雅高贵的女人，因为妩媚女人看起来有点儿多，物以稀为贵，人也是。

他们觉得高贵是一种被长久熏陶训练出来的气质，比美貌更用心、更费时。

所以，轻浮之女人，得不到男性打心底里的喜欢和仰慕，也就不会使男人真爱上她，他们享受的只是一种片刻的欢愉。

文章里，大篇幅地写了一个女人从小被教育得知书达礼、精通文学、谈吐机智。成人后，包括对自己的衣着打扮，每次都很用心，与男人说话总是谈笑风生。

后来，她跟一个美国留学归国的企业家的儿子在一起了，男人同样是相貌堂堂、气质不俗。

当时看完这个故事，我觉得：第一，气质假装不得，否则，日子久了就会露馅；第二，高层男人的品位就是高；第三，但凡家世可以又读过书的男人，都喜欢知书达礼的女性。

像咱这种胡同气质的，撩也是撩了一些地摊男人。

（四）

一般的女人，一生都找不到一个仰慕自己的人。其实女人也需要男人的一点点仰慕，这点仰慕来自自己不同于其他女人的特质。这种特质是自己身上有，而别人没有的，才让男人心生仰慕。

有很多女人身边也有一大堆男人，但都是冲着皮囊而去。

一般的女人，结婚前是珍珠，结婚后就成了鱼眼睛，变得自私、狭隘、爱计较。婚姻都岌岌可危，更不要谈真爱了。

只有少数女人脱颖而出，在世俗的诡异中占尽了风头。

一般的女人，一撩便希望男人真心爱上她，可大多数女人沉溺于外在的装饰品，所以，现代的爱日趋减少。

有个朋友看上了一个家庭还算不错的男人，于是每天把自己打扮得跟花公鸡似的，在男人面前拼命展示自己的羽毛。男人开始跟她交往，可同居了一段时间，谈婚论嫁的时候，立马把她抛弃了。

她回去跟她的朋友们哭诉："现在的男人都怎么了，他们不是喜欢爱打扮的吗？我每天把自己打扮得这么好看，要结婚的时候，他反倒不要我了。"

她根本不知道相亲市场上的热门女人长什么样子。

以前，媒婆给我介绍对象的时候，说："我给你介绍的这个男的呀……"媒婆咽下去一口口水，"相貌堂堂，家里父母都是老师，有文化；市区有三套房子，有一辆车子；男的刚刚大学毕业，分配在劳动局；个子吧，也就一米八四左右。"

我说："那他还不去当明星。"

媒婆说："你见了就知道了。"

我说，如果我跟他结婚，你知道后果会怎样。

媒婆疑惑地看着我。

我说后果就是离婚哪。

后来，见了那男人一面。我个子矮，几乎就在人家的胳肢窝下面，人家帅，我丑，我仅有的语言天赋也卡壳了。人家跟我讲了什么，我也不知道，就一直在畅想：一会儿如何接吻，我要不要站到石头上；还有，他一会儿搂我的腰的时候，会不会搂住我的脖子；晚上开房，我要不要矜持点儿；吃饭的时候，我要不要抢先付钱；我崴了脚，要不要顺势爬到他身上；一会儿下雨，他会不会脱下外套给我披上……

最终，当然，我们去……分手了。

后来，人家认识的要结婚的对象，弹得一手好钢琴，念得一口好诗，长了一副好萌的脸。

后来的故事，你们就知道了。一个丑宝宝被甩一万次后去干吗了？我现在已然被甩成了半个情感大师。作为一个"过来人"，我真心告诫天下女人：要想赢得一个"高富帅"的爱慕，你必须长得美、有口才、幽默、爱读书、爱运动、家庭好、倒车技术好，一直得有源源不断的新能量。否则，长江后浪推前浪，前浪死在沙滩上。你的死相会很难看。

（五）

这两天，林心如的美照纷纷刷屏。作为一个"剩女"，她是如何撩得霍建华的真爱的？

长得美，是首要条件。娱乐圈长得美的很多，但都是明日黄花。林心如就不一样了，她美出了高度，美出了境界。从演员到制片人，到导演，再到自己开工作室，自己当老板。自己的命运自己掌握。

她是娱乐圈里绯闻很少的女艺人，很少靠上位博眼球。她兢兢业业，勤勤恳恳，除了常年拍戏、当导演、当制片人，她还经常忙里偷闲地看书、看杂志。

把自己保存得这么好的女人，霍建华能不爱上吗？

靠颜值，你已经 out（落伍）了，美颜技术能把你变漂亮，却不能把你变高贵。

现代好多女性喜欢问："男人为什么只喜欢睡我，不喜欢爱我？"

我只想说："外在美貌，由男人的荷尔蒙说了算，但内在气质，由他的心说了算。"

一个人蹩脚的气质，总是会随着时间露馅的。气质没有就是没有，就像没有大胸就是没有。没有胸，你还可以戴个胸罩逞一时之大胸。没有气质，你靠什么来掩盖？

无论什么时候，你都该知道，颜值会过时，人会老。凡是大起大落的东西、潮流的东西，都会过时。想赢得一个男人经久不变的真心，就得让自己变化。

在当代社会，虽然人人身处繁华，但人人心生寂寞，都是精神上的瘦子。如果能恰到好处地撩到他的痒处，你何尝不是一个优雅的止痒者。

美貌的女人在刚开始的时候也许是很滋养人的，但逐渐会变得非常消耗人，气质却一辈子养人。这也是为什么成熟的男人会爱上有气质的女性。

如何让男人对你死心塌地

（一）

在生活中，想让男人死心塌地很难，更何况在娱乐圈。

能让男人死心塌地的女人，一生中付出的艰辛肯定是常人难以想象的。

女人的魅力是她一生所读的书、所走的路、所交往的人的一个缩影。不是每个女人的缩影都值得男人对她死心塌地。

张爱玲说："要知道，一个男人好与坏，不是看他花心还是专一，自古男人都花心，而是要看，有没有控制力。"

一个男人为你控制了全世界其他女人对他的诱惑，那你是多么值得爱。

（二）

霍启刚当年追郭晶晶的时候，郭晶晶到哪个国家，他就扛着摄像机到哪个国家，一直到把郭晶晶追到手。要知道，想嫁进豪门的女人数不胜数，还都比郭晶晶漂亮。

郭晶晶自退役嫁入霍家后，与霍启刚的婚后生活一直是外界关注的焦点。然而，没有想象中的奢华张扬，"晶刚夫妇"留给外界的印象始终是低调、朴实。而每每出行，郭晶晶都是戴着三块钱的发圈。媒体采访的时候，郭晶晶更霸气表示："三块钱的发圈，你不能强迫别人卖三百块吧？"

两人因在综艺节目中的表现而大面积圈粉，在感受到两人无比恩爱的同时，一些盛行于网络的旧闻，比如"郭晶晶戴三块钱发圈出席正式场合""霍启刚亲自买菜搬家"等又被重新翻了出来。

早在2013年，就有媒体报道称，郭晶晶与霍启刚为避争产风波搬离霍家大宅。报道称，两人搬离后，日子过得很心酸，因为没有用人和帮手，任何事都要亲力亲为。逛超市，霍启刚拿菜扛米，郭晶晶则负责携带厕纸及纸尿片等日用品。相关图片更是盛行网络，引诸多网友感叹："豪门背后全是辛酸。"

霍启刚回应说："像现在网上看到的，我搞不清楚是为什么。比如说我们去逛超市，好像是一件很大的事情；我们去超市买菜、买米、买牛奶，网上的评论都是觉得很惊讶。"霍启刚说，他并不觉得亲自买菜、扛米是很特别的事情，"我十二岁小学毕业就去了英国，在英国读书，自己生活。不管是洗衣服，还是换被子，都是自己锻炼出来的。我也养成了习惯，比如说去超市，我喜欢自己挑，总不放心别人做。比如说搬行李，人家搬的话，行李有可能会丢，或者怎么样，所以还是自己搬心里踏实一点儿。"

而郭晶晶也表示自己从小就进入跳水队学习生活，"自己的事情全部是自己做，不然没有人帮你的"。霍启刚认为，逛超市、搬东西都是再正常不过的事情，没有什么特别的地方。

（三）

姿色是一个短暂的现象，手腕却受用终身。

作为曾经的奥运冠军、现在的霍家媳妇，郭晶晶的一举一动总能引起人们的关注。因为霍家，郭晶晶的衣着打扮难免会被外界放大。最广为流传的，便是她戴着三块钱的发圈出席正式活动。

提及"三块钱发圈"的事，郭晶晶耿直地回应说："不是所有人都用这个吗？我不知道这有什么特别。"采访中，她以戴在自己手上的发圈为例，"这个人家就卖三块钱，你不能强迫别人卖三百块吧？问题是我不用这个，我用什么呀？"

霍启刚也表示，自己非常喜欢郭晶晶的朴实无华："说实话，无论是什么身份，运动员也好，结了婚到现在有家庭也罢，她都是一样过日子。"

尽管生活被外界有意无意地"妖魔化"，郭晶晶却丝毫不受影响。

"可能很多人觉得搬来香港结婚之后，她变成了少奶奶。但其实也没有哇，就照常生活。"霍启刚表示，"我们反正这么多年了，还是过自己的生活，不会像外面说别去超市就别去超市。不可能啊，反正我觉得没什么，挺好的。"

霍启刚向来风流，难得情迷郭晶晶。自从与郭晶晶确立关系后，他就将过去的生活画上了句号。尤其自从祖父霍英东去世后，为继承祖父推动体育运动的遗志，霍启刚更是发奋工作，当上了霍英东集团的副总，还以高票当选广州番禺区青联副主席，为霍家重新树立起积极向上的榜样。

一个如此朴实的女人，能让一个情场浪子回头，她不仅掌握了一门跳水技术，还掌握了一门掌控男人的技术。

与娱乐圈女明星相比，郭晶晶背景清白，父母皆是普通工人。她从小就进入跳水运动队训练，每天伴随一池碧水和同样单纯的队友学习训练，勤奋刻苦，早在1996年亚特兰大奥运会就已成名，随后几年更是凭借自己的天赋与努力闯出一番天地，为国家争得荣誉。

霍启刚接受媒体采访时说，郭晶晶的一举一动都是他喜欢的那种女人的样子。

世界上最幸福的女人，莫过于浪子为之回头的女人。

（四）

娱乐圈还有个掌控男人的高手刘嘉玲。

刘嘉玲在明星真人秀节目《我们来了》里，谈及与另一半梁朝伟的相处模式，自嘲自己是"万能的主妇，梁朝伟是个甩手掌柜"。他可以因为忍受不了装修，提着箱子说走就走，装修完了说回来就回来。除此以外，家里大大小小的事情都需要刘嘉玲去张罗，灯泡坏了也是刘嘉玲来处理。梁先生最爱做的事就是做他喜欢的事，与他喜欢的人相处，他不喜欢的人与事，他可以任性地不去社交。

巨蟹座的梁朝伟是一个不善于表达自己内心、不善于与人交际的人，他很宅，很自我，常年活在自己的世界里，如果不拍戏就与世隔绝，做自己想做的事情，一直自由自在惯了。

因为他是梁朝伟，是世界级影帝，从影二十几年所获奖项无数，很多片商都是排队找他演戏，他完全有这个资本做自己。梁朝伟的人生，就是把自己喜欢的作品演好就行了，他不需要去应酬，也不需要去推荐自己，他就是一个随心所欲的自由人。

梁朝伟的魅力还在于性格直接，简单单纯。他只喜欢表演，喜欢活在自己的世界里，在他高冷的背后，有着一颗与世隔绝的心。而真正能够温暖、理解梁朝伟的是刘嘉玲这类女人，她有江湖儿女的情怀、大女人的心，以及小女人的温柔。

刘嘉玲不是那种时常抱怨老公不贴心、不怎样的女人，她对梁朝伟一直是"放养"的，她几乎不干涉另一半的人生。这些年，刘嘉玲不管是从商，还是从事自己的演艺事业，都能做得风生水起，不需要借助梁朝伟的任何光环。这样的女人是让男人和女人都钦佩的。刘嘉玲本身就是有没有梁朝伟这个标签都能把自己的人生照顾得很好。

而梁朝伟兜兜转转，没了刘嘉玲不行。他是一个需要家庭温暖的男人，虽然他看起来不是那么顾家，却对家和自己的另一半要求很高。

在感情的领域里，男女之间最好的相爱就是适应彼此的相处模式，不是刻意去改变对方，而是紧跟对方的步伐，不干涉对方的人生，不把自己的人生依托在对方身上。

只有这样男女才能和谐相处。

（五）

想做梁朝伟的女人不容易。能让一个男人超越色欲，娶一个老女人，那是刘嘉玲的本事。

特别是像梁朝伟这种一个不开心就要买机票去伦敦喂鸽子，就要请英国皇室画家教自己画画的男人，他身边的女人不是温柔贤惠就能胜任的。对于一个不缺钱、不缺时间、不缺事业的男人来说，他的另一半不说富可敌国，至少也得门当户对吧。

你会发现，这些年刘嘉玲一直很拼事业，做着自己喜欢的事，梁朝伟经常被她带出来害羞地为老婆站台参加个节目，然后又害羞地回家去了。

想来他们夫妻的相处模式已经达到了彼此独立又互相依附的最高境界。刘嘉玲与梁朝伟这对相处二十几年的爱人，从恋爱到结婚，都充满了传奇色彩。在感情说变就变的岁月里，一对恋人要携手走二十几年，那需要多大的勇气，尤其是在感情说变就变的娱乐圈。

不要再说这世上没个好男人了，是好男人遇到你就变坏了。坏男人遇到好女人，就变好了。

我爱你，就是看中你的条件

（一）

前几天我去做护理，同时进来两个三十多岁的女人，其中一个是陪另外一个去做水疗。那个女人办了一张美容年卡，陪同的女人一看，居然需要十二万。

且称她们为 A 小姐和 B 小姐。

B 小姐说："你没病吧，一年几乎一半的收入都投资在你这张脸上了。大写的'服'。"然后就站在一旁，做惊讶状，一直恢复不过来。

A 拍了一下 B 的肩膀："坐吧，我请你。"

不多时，A 接了一个电话说："我在香薰美容院，你就把钥匙送到这里。"过一会儿，一个男人进来了。

此男人西装革履，皮鞋锃亮，相貌堂堂，举止得体，递给 A 女士钥匙时说了一句："别乱丢钥匙，我这次出差要走几天，丢了钥匙，你就门外等吧你。"

男人说了几句，就离开了。

B女士说："你们老姜越来越有男人魅力了，你可得小心哪，现在外面的姑娘都生扑，尤其是你们老姜这样的男人。"

A女士稳稳地说："男人不靠管，你见哪个男人是靠管能管住的？我把自己的日子过好就行了。"

B女士叹了一口气，说道："你这哪辈子修来的福气，嫁给了老姜，外形不错，又会赚钱。"

后来贴面膜的时候，A女士跟服务员说："我包包那本书里，有个粘贴，你贴我头上就行了。我不要那个头巾把头包得很热。"

短短几个动作里，可以看出A女士注重自己的修身养性，家世肯定也好，否则她的老姜也不会那么优秀。

记得一个姑娘跟我说过："我从来不做护理，一个男人真爱你，他就该爱你的本真，爱你的原生态。"

我无以回复，只能祝姑娘好运。尤其是在现代婚姻里，一个优秀的男人身边，必定有个出身高贵、注重修养谈吐的女人。

（二）

在民国的诸多美女里，吕碧城也算得一个。

吕碧城虽然出身书香门第，但是她的一生并不顺遂，甚至可以用坎坷来形容。吕碧城十岁时就已经订婚，但是在她十三岁的时候，父亲去世。她父亲是光绪年间的进士，他去世之后，吕碧城一家就陷入悲惨的境地。由于吕父一生并没有留下男丁，所以族人就以无后继承财产为由头，霸占了吕家的家产。

这时候，吕碧城在京城听到消息，四处告援，给父亲的朋友、学生写了求助信，最终事情得到了圆满的解决。但是，这件事传到了与吕碧城有婚约的汪家耳朵里，汪家认为吕碧城太过于厉害精明，就退了婚。

在当时，被退婚对一个女人的影响实在太大了，于是吕母不得不带着女儿们远走投奔娘家，可是又一件悲惨的事情发生了。在娘家的吕母与两个小妹，受不了折磨，服毒自杀，虽然性命救了回来，但在吕碧城心里留下了一道深深的疤痕。后来，她提倡女权，建设女学，才情一点儿不亚于林徽因。

在十分恶劣的环境里，她不仅钻研诗词，连丹青都很擅长，而且会刻印章，还精通音律。她最为人称赞的是她写的词。每当有新的词写出，就会受到大家的一致好评，争相阅读。当时有才子美称的樊增祥，读了吕碧城的诗词，也不禁拍案叫绝。

她在容貌上，更是注重有加。从姿态神情，到穿着打扮，以及服饰发型，她都下了很多功夫。什么裙子搭配什么帽子、什么鞋子，都很有讲究。

吕碧城的志向不仅在于教育和穿着，她还有振兴国家的宏愿，她的传世著作有《吕碧城集》《信芳集》《晓珠词》《雪绘词》《香光小录》等。

追求她的男士个个声名显赫，她曾经也是梁启超和汪精卫仰慕的对象。

（三）

蒋碧微，是画家徐悲鸿的第一任妻子。

十八岁前从未出过闺门的蒋碧微，义无反顾地与徐悲鸿从东洋走到西洋，而这一切都是出于心灵上的某种默契做出的举动。漂泊异域虽给她带来艰辛，使她遭受家人对她的反对和外人的冷眼笑话，但她更多地享受到了此举带来的浪漫刺激和宏阔视野，也在徐悲鸿回国后大好前程将要铺展的时候，分享到了婚姻带来的短暂荣光。

蒋碧微随徐悲鸿第二次赴欧时，她凭借出色的交际才能和特立独行的个性，帮助徐悲鸿成功地举办了中国近代名家绘画展及个人画展，破除了西方人轻视中国文化艺术的偏见，为中国艺术走向世界迈出第一步。

然而，这种荣光并没有维持多久，蒋碧微便跌入了婚姻破裂的谷底。最让她受不了也最让别人同情甚至为她鸣不平的，是徐悲鸿为了跟廖静文结婚，在报上刊登的解除与蒋碧微关系的启事里，把与蒋碧微的关系定义为同居性质。

在当时的社会，离婚还带个孩子，对于蒋碧微的打击非常沉重，但她并没有就此放弃自己，而是饱读大量诗书，坚持画画。

终于，她被一个富家子弟看中，他就是张道藩。

张道藩对她百般疼爱和痴迷，从写给她的情书里可以看出："如蒋碧微这样的女人，对人生不忮不求，不愠不怨，却也只是做了那个政治家的情人。"张道藩曾几次说起因为爱她不能而一死以报知己，但终是存留在纸上的理论而已，到最后却依偎在素珊的怀抱中老去。爱，只是片刻的场景吧。爱，只是浮云偶尔照在人心的波影吧。

六十六岁时，她出版了《蒋碧微回忆录》(分为《我与徐悲鸿》《我与张道藩》两部分)，用平实的语言，翔实地记录了二十八年来她与徐悲鸿相识、相知、相恋到分手的情感沉浮，以及她与张道藩的感情生活中的点点滴滴。

她是张道藩一辈子腾挪不开的那个女人，是张道藩一辈子心心念念地想着的那个女人。

（四）

有的女人爱给自己找借口：他爱我，不会在乎我的条件，他不爱我，要这些条件又能做什么。

没有足够的条件的婚姻，只是婚姻，不叫爱。

爱，甚至迷恋一个人，全是因为她迷人的条件，其余的就是凑合，娶妻生子凑合一辈子，仅此而已。

所以，这些女性是民国年代里最迷人的新女性。而好多现代女性，是旧时代的裹足女人。

如果一个男人冲着你的条件来的，那他是爱你的，因为你有条件去谈爱；如果一个男人啥也不图，就想结婚，那他是到了适婚年龄。

一个女人如果有良好的家世，那是你从娘胎里出来的胎衣就很好。如果没有这些，你自己也可以量身打造自己的条件。

吕碧城、蒋碧微，甚至好多女性，她们也许生来就有很好的家世，但是到后来家族落魄之后，她们没有堕落，没有抱怨，而是奋起直追，赶在生命的前头，书写着女性的传奇。

作为女人，家世很重要，它让你在起步开跳的时候，就比别人领先。但如果你拿着这些先天的条件在世俗里来回打滚，最后却只剩下残衣破体，你是有多么失败。

如果没有家世做跳板，你也应该自己搭台垒墙，唱出属于自己的戏份，而不是在别人的生命里跑龙套。

二十岁，要好好地去失恋

（一）

有个姑娘哭得泣不成声，跟我说："我男朋友甩了我，他嫌弃我胸小，不是翘臀；嫌弃我腿短，跑步总是迈不开腿；嫌弃我不爱看书。"

我看了看姑娘脸上已经花了的妆容，拿出我上学时候的照片，往她跟前一扔："胸小，你有我小吗？吃饭时东西掉进衣服里，人家都能用胸夹住，我呢，直接用腿夹住。腿短，你有我短吗？我远远地跑过去，人家都以为是动物园园长没有上班，乌龟出来散步了。不爱看书，你有我不爱看书吗？小时候人家都在看《三毛流浪记》，我用它上茅厕。"

姑娘哭着说："那你现在还不是瘦了，还不是'饱读诗书'，还不是都结婚了，还不是都好看了。"

我用了十年时间去磨炼自己，三百六十五天天天读书，你知道是什么滋味吗？人家都在花前月下，人家都在耳鬓厮磨，人家都在夜夜狂欢，我呢，在读书、读书、读书。

别人找不到我，我在哪里？在读书的路上。

我是被生活无数次挤对后，才变得如此勤奋。所以，你成功后，首先要感谢的，不是 CCTV，而是挤对你的人。

要感谢那些挤对和嘲笑你的人，他们才是你生命里真正的贵人。一个庸人，身边才都是朋友；一个优秀的人，他身边都是对手。

当然，你要笑着去感谢挤对你的人，而不是恨，否则久了，你就会有一张不好看的脸。

前几天，我翻出我写给一个男生的情书，上面写道："我喜欢你，喜欢你的笑，喜欢你的才情，喜欢你忧郁的眼神。"那个男生像个批卷老师一般批阅了一句："我不喜欢你。"

是的，还有比这更残忍的句子，就是：你的丑惊天动地，我的情无处安置。

后来，我觉得不能把这个世界让给鄙视自己的人。我像仓央嘉措一样去写诗，像村上春树一样去跑步，半年写了六十万字，一年瘦了三十斤。

（二）

苏芩说："如果你才二十多岁，别忙着过稳定的生活。收入动荡一点没关系，失恋几次也不怕。能力是一种压力下的应激反应，如果你在二十多岁就习惯了安逸，接下来的一生都很难有大出息。"

如果有姑娘跟我说她失恋了，我会说："恭喜你，你有大把的时间不用丢给一个浑蛋了。"

时间不会让一个女人变得优秀，只有生活给予她形形色色的人，以及那些人带给她的种种不适，才得以壮大她的内心。

人在幸福中，是不会思考问题的。越是幸福的女人，她的思维越容易被局限；越是失恋的女人，她越是优质的，因为她在历练。

二十岁时，如果你失恋了就爬不起来了，那就躺着吧，你在任何时候都爬不起来了。

一个完全陶醉在男人堆里的女人，是没有时间去检阅自己心灵上的空洞的。慢慢地，心灵就会出现一个大漏洞，顺着你的人生漏下去，最后就是干瘪的躯壳。

当我们看到一个丰盈的女人走出来时，我们肯定会想，这是一个经历过多少事件的女人哪，一张安然无恙的脸上，看到的都是平淡。

在一次旅游途中，我碰到过一个带着画板的姑娘。她背着行李，带着单反，一边走，一边写生，一边拍照，每张画上都有一句自己的语录。

我问她："这些语录，是出自你自己的手笔？"

她点点头，微笑。

我就问："你怎么一个人来旅游，为什么不和家里人，或者朋友，或者男朋友，或者别的人一起？"

她说："在孤独中，人才会变得清澈起来，也会变得深刻起来。"

后来，在几天的同游中，我才知道姑娘刚刚失恋，男友劈腿，可她脸上只有云淡风轻。想想，坚强是不是也是一种魅力？

我们势单力薄，撑不起一份爱的时候，是不是应该意识到这一点，而不能一味沉溺在男人眼神不好的埋怨里。

（三）

有好多女孩儿曾经也走过那样的路，原以为年轻是厚手厚掌，后来才知道年轻只是刹那芳华。

在年轻的时候，你蹉跎了时光，老了，就会统统还给你。还什么？无力、脆弱，别人的白眼，家人的埋怨，孩子的冷眼。

这个世界就是这样公平，只有成功，才能受到尊重。多数人则围成一个小团体，安度一生。

现在的女孩子，追求的更是有态度的生活。被网友刷屏的江一燕，带着单反到各地旅游，途中记载了各种风土人情、各种飞禽走兽。她还写书，出书，去乡下支教了八年。

据说她正在跟好利来的罗总谈恋爱。这样的女孩子，没有好男人追，是没有天理的。她的生活历练，是禁得起爱和被爱的。繁花团簇不惊讶，风雨袭来能承受。

（四）

灵魂涣散的直接后果就是肉体的松弛。

一颗丰满的灵魂，必定有风雨缥缈的来路。我们常常会羡慕一个阔太太背着名牌包，常常会羡慕有的女人有男人养，可真正让人仰慕的女性，是自己赚得够，自己玩得"嗨"。就如《来自星星的你》

的女主角说的，我不需要男人的钱，我自己就能养自己。

一个一路很平坦的女人，到上学的时候有好学可上，到结婚的时候就结婚，到生娃的时候就生娃，从来没有见识过世界的美妙，没有见识过世界的飞沙走石，她如何在这个世界运筹帷幄。

失恋是一个女人认识人性的开始。你从一个男人身上看到自己不招待见的一部分，继而去改进，去优质化，从而走进男性社会。

（五）

如果二十几岁你还没有好好地失一次恋，那你的人生就是空无的。

失恋后不要抱怨男人，不要抱怨这个世界。我曾经看到过一个失恋十八次的女孩儿，在每次失恋后，她都提升自己，最后成了一名公司的主管。

后来，一个很不错的男人爱上她，问她："你这么小的年龄，就拿下了注册会计师证和英语八级考核，还拿下了瑜伽美体训练，怎么办到的？"女孩儿笑笑："我常常一个人，身边没有男人，他们都看不上我，我才有时间学习。"

《失恋33天》里，女人一失恋，整个人就变得颓废，不梳头，不洗脸，成天蓬头垢面，无论从哪个角度看，都像一只丧家犬。

她的同事都说她："你们这些失恋的人哦，离得好远都能闻到你们身上的味道，就是那种在冰箱里放了好久的东西的味道。"

一个三十岁的女人，还有恋可失吗？

所以，二十岁的女孩，失恋是多么幸福的事。

一个爱打扮的女人，她的运气不会差

在现代这个社会中，女人最大的炫富，就是容颜的逆袭，五十岁却长着一副二十岁的容颜。

女人的容颜和男人的才智，在同性中不受待见，但在异性中的受欢迎程度，会超出自己的想象范围。

如果一个女人没有在容颜上受过恩惠，她就不善于打理自己的那张脸。如果一个女人没有在感情上吃过亏，她就不善于打理自己的精神内核。

我在很小的时候，是生活在农村的。常常在农忙的时候，一辆拖拉机过来，无论你长得像蒙娜丽莎，还是像玛丽莲·梦露，一阵灰土过去，你都得还原成一个农村土娃的形象。

就是在这样的环境里，我的母亲，农村新一代玛丽莲·梦露诞生了。在我的印象里，农村妇女多是黑黝黝的皮肤，露着金灿灿的门牙，一个裤管卷起，一个裤管放下，肩膀上扛着锄头，嘴里说着男欢女爱之事。

可我母亲总是要把自己打扮一番，粉红色的小丝巾缠绕在自己细长的脖子上，一顶鸭舌帽戴在自己没有多少文化的脑袋上。农忙的男男女女见了都要停下手中的活儿，看上她一眼。

这并不是因为她非常美丽，也不是因为她的整个姿态显露出优美文雅的风度，而是因为在她走过他们身边时，他们总能闻到一股别致的女人香。

我奶奶总是在农忙完毕之后，在院子里坦胸露乳地洗澡，嘴里还有说有笑。我母亲总是说："你呀，注意一下自己的形象吧。"

我奶奶说："女人身上就这几样东西，谁不晓得的哦。"如果不是西蒙·波伏娃抢了我奶奶的风头，她就是人类性发明的元首。

可我母亲从不，她总是在一个角落里，把自己收拾干净了，再出来，出来的时候，永远是清爽干净的。无论她身上的的确良衬衣有多么劣质，穿在她身上，总是潮品。

在田野里、在厨房里、在街边、在菜市场，她的背影里都是"女人香"。

一个不爱打扮的女人，是没有前途的。我母亲的前途，就来自一场一场精心的打扮。

后来，我们搬到了镇子上，她在一家加工厂上班，做磨面的活儿。那里的女工出来，个个"油头粉面"，眼睫毛上都沾满了面粉。可唯独我母亲出来的时候，是整齐的着装、干净的鞋子、不染一丝面粉的脸。

我们住在租来的三间平房里面，屋子漆黑一团，地上的缝隙里常年有螳螂、蜘蛛等物。可就这样一个屋子，经过母亲的改造，瞬间高大上起来，桌子上有插花，有一台录音机，墙上都是壁纸，美美的。

她平时的这些作风，深得领导的喜欢。实行个人承包制的时候，她轻松娴熟地就拿下了一个指标。

在做生意的这些年头里，她要忙于进货，去各地签单。每次坐火车或者汽车回来，我跟爸爸去车站接站，车上下来的人，包括小女生，个个蓬头垢面，唯独她整个人都很清爽干净。头发一丝贴着一丝，裤子还是走的时候熨烫的那个样子，有棱有角。

我就会问："你是去进货，又不是去接客，搞这么隆重啊。"

妈妈笑笑："你这丫头说话，没个谱儿，女人不打扮，还叫女人？"

之后我们的生意越做越火，在城里买了第一套房子。由于刚入住，我们对这里的环境一点儿都不熟悉，而且我妈妈的生意都在镇上，一家人一下子不知道该以什么为营生来维持生计。

刚搬入的时候，那种商业门面房很紧张，人人都在抢着买，当我们去买的时候，指标都被占了。母亲多方走动，终于承包下了一个两百多平方米的门面房。

当然，生意依然是越做越好。

我母亲的至理名言就是："一个女人在家庭里不打扮自己，你会失去婚姻；在职场上不打扮自己，你会失去机会；在外面不打扮自己，你会失去男人赏识的目光。"

第四篇

励志篇之『漂亮的女人怎么都有才』

闪闪发光做你自己

《欢乐颂》编剧，三十三岁，名叫袁子弹。

她独立、自信、爱笑、坚强、幽默，毕业于武汉大学，写得一手好文章。毕业多年，辗转在各城市中打工。《欢乐颂》就是一部她自己的打工史，记载着她的喜怒哀乐。

她曾在一家小广告公司打工，每天忙到很晚，连吃饭的时间都是匆匆忙忙的，薪水远远不够支撑自己的生活开支。

在这样的生存环境里，身边的姑娘会伸手向父母要钱，但她从来不。不管多苦，她都自己扛。远离了美好的大学生活，所有的路都得自己走，是苦是甜都得自己尝。

钱不够花，她就兼职，做化妆品模特、做家教、搞淘宝策划，不断地找各种养活自己的工作。她就是这样奋力向上，再艰难也不向父母要钱。

剧中每个人身上都有袁子弹的影子，邱莹莹被上司骚扰，就是袁子弹的亲身经历。

在职场里，袁子弹曾断然拒绝主管的性要求，但是接下来，她做的项目文案，每次都被主管否定。自己每天加班熬夜辛辛苦苦设计的方案，却被主管一句话否定，这使她感到委屈和愤怒，觉得梦想就是娃娃机，隔着玻璃永远也抓不到。

她和邱莹莹一样，受不了主管的骚扰辞了职。幸运的是，这时一名在湖南搞话剧工作的朋友找到了她，说是《国歌》项目的编剧辞职了，急需一名编剧，让她试试。

《雍正王朝》的编剧罗浩一看她的文笔，就选用了她。

接下来，她和侯鸿亮一起联手打造了《欢乐颂》。刚上市时效果并没有那么好，但直到播完达到了上亿的点击，赚足了观众的眼球，可以说一炮而红，备受广大观众喜爱，热度一直不断。

袁子弹白天上班，晚上写作，每天几乎是凌晨 2 点才能睡觉。

在电视剧中，很少出现五线并行女主角，袁子弹却大但尝试，第一次让电视剧出现了五美同行，都是女主角。

《欢乐颂》中几乎都是袁子弹这些年的打工生涯的积累。比如在上海打工时，房东无故加房租，半夜将她赶出去；主管骚扰，四处碰壁，为省伙食费跟室友一起在租来的房子里自己做饭。

关雎尔身上也有她的原型，她每天加班熬夜，说得最多的一句话就是：我好困哪，我要加班，我去睡了。在袁子弹的生活里，这些已经是家常便饭。父母打来电话，她只报喜不报忧，但撂下电话，泪水就会像断线的珠子滚落。

甚至在安迪身上，都有她的原型。她从不占别人的便宜，同事需要帮助，她第一个伸手去帮别人一把，因为她知道生活的不容易。遇到男同事请客吃饭，她从来不叫对方掏腰包，经常 AA 制。

她的老公是耶鲁大学毕业，计算机专业的高才生，在微信群里认识的。两人都很欣赏对方的才华，认识了三年，很少吵架，观点一致，爱好相同，理想一致。

老公也是她的粉丝，在看《欢乐颂》的时候一集没落下。

袁子弹在为自己的孕期做着准备的时候，各方压力却纷至沓来，要求她续写《欢乐颂》，于是在妊娠期，她顶着压力完成了《欢乐颂2》。

在第二季里，安迪的感情因包奕凡迎来新的可能，却也面临着来自包家内部以及自己身世带来的新困扰；樊胜美的新生活开始起步，却仍难脱离家庭泥淖，与王柏川在价值追求上亦产生偏差；曲筱绡与赵医生差距仍存，分合不断，曲家看似稳定的家庭关系实则危机四伏；邱莹莹对应勤一片痴情，其情感经历却令应勤无法接受；关雎尔邂逅摇滚青年谢童并坠入爱河，却遭到父母的激烈反对。

其间，五个女生在磕碰中互相关怀，最终，安迪得以坦然面对包奕凡的家庭并化解身世带来的困扰；樊胜美的家庭问题再度解决并决定与王柏川共担风雨；曲筱绡与赵医生学会和谐相处并成功挽救濒临瓦解的家庭关系；邱莹莹用真情打动应勤，两人携手走进婚姻殿堂；关雎尔下定决心坚持自我，勇敢追求所爱。

五美的命运，跟袁子弹的命运一样，都是剧中结尾的一句话：闪闪发光做你自己。

有颜值的女人，也该有梦想

都知道演《欢乐颂》的王子文火了，却都不知道她拼了十几年。六岁时，她就报了舞蹈班，每天练习到脚疼、腿疼，脚上磨起一层泡，她依然坚持练习。

枯燥的训练和魔鬼般的日子，并没有打倒她稚嫩的童心，八岁的时候，她考上了杂技团。由于妈妈看着女儿弱小的身子要在空中翻来翻去，十分心疼，哭着不让王子文去，王子文便为了妈妈作罢。

之后的她凭借着颜值和舞蹈、唱歌特长，成了校园明星，她心中也埋下了一个梦想：将来我的舞台一定会更大。

十六岁的她就在成都接拍平面模特，城市的许多影楼里都挂满了她青春时尚的广告。十七岁时，一家唱片公司要成立一个四个女孩儿的组合，王子文从众多女孩儿中脱颖而出，接受了半年残酷的封闭式训练。

上大学时，她一边完成学业，一边接拍了索尼公司的广告，并与陈晓东合拍了休闲品牌平面广告。十九岁，她毛遂自荐，演了第一部电视剧《谁是我爸爸》，以及首部电影《姨妈的后现代生活》。

王子文在北漂的日子里，练习了一手好厨艺，自己秘制的辣椒酱带到剧组，给每个人饭盒里舀上一勺，无论是赵薇还是斯琴高娃都吃得津津有味。因此在圈内，她有美食家的戏称。

2010年，她饰演了《唐山大地震》女三号小河以及影片《一九四二》中的财主女儿，此外，她还接拍了《家，N次方》等。

她还练习了滑板运动，在两年的滑雪经历后，王子文总结：想学滑雪，必须胆子大。

每次内心都有个声音问自己：我拍戏已经这么累了，为什么还要学这么多手艺？每次想放弃的时候，她又会告诉自己，人家都能做到，她不信自己就不行。这样就会坚持下来。

接下来，她又学习了骑马，打高尔夫，练习了瑜伽。所以，你可以在《欢乐颂》里，看到那个充满正能量的"曲妖精"。身材虽然瘦小，也是S型。

她的爱好还有看书、旅行和听音乐，所以你能看到她把那个"曲妖精"演绎得么完美。这不是任何人都可以驾驭的，而是在生活中，她早已经练习了二十多年。

生活中，我们常常误解这些女人，以为她们拼的是颜值，殊不知，人家拼的是内才。

人生最可悲的是，我们常常以为我们在颜值上占尽了先机而扬扬得意的时候，人家在才情上已经比我们高出好多分，早就不玩颜值了。

我曾经有幸跟一个美女结交过，她是某集团董事的女儿，那是一次宴会结束，我上了她的车。

她的车内一尘不染，很有格调，还放置了几本闲书。我问她："你有时间打理这些？"

她笑笑："一车不扫，何以扫天下。"

我才知道，富二代之所以富裕，是因为他们上一代人的理念，铸就了下一代的理念。

左手边的盒子里放置了几本书。一本是名著《瓦尔登湖》，这本书我记得于丹曾经给广大女性推荐过；一本是《段子》，还有一本是她平常记录的一些语录和每天的行程安排。

我开玩笑地说："你完全可以坐吃，呵呵，山也不会空。"

她说："那我就不是我爸的女儿。"

我们留了彼此的微信。在之后的接触中，我们在彼此身上取长补短，我才发现，跟这样的女人交往，你会意识到你的短板太短，她的长板太长。

我们常说，穷养富养，不如教养。一个女性，最有魅力的地方，不在于她多有钱，而在于她的思维模式和谈吐习惯以及生活作息。

她颠覆了我眼里的富二代形象，在她身上没有骄纵、蛮横，没有目中无人、飞扬跋扈，没有闲散，没有傲慢，没有怠慢，有的是慢悠悠散发的教养，滋润着你。

一个人，尤其是女人，在困境中打拼难，在富裕中打拼，那就是难上加难了。

她们的美，胜过千千万万的玻尿酸。

前段时间炒得沸沸扬扬的田朴珺，演绎了《甄嬛传》里的敦亲王福晋，一眼看上去，我们以为她是靠颜值在娱乐圈打拼，可人家靠的是自己二十多年的"蓝脑袋"。什么是蓝脑袋，就是一天只睡四个小时，常时间睡眠不足的一种新生病。虽然不怎么严重，但已经是拿脑袋在拼了，而不是靠颜值。

给大家讲一个高颜值的故事。

波兰有个非常漂亮的小姑娘叫玛妮雅，她学习非常专心，不管周围怎么吵闹，都分散不了她的注意力。

一次，玛妮雅在做功课时，她姐姐和同学在她面前唱歌、跳舞、做游戏，玛妮雅却像没看见一样，在一旁专心地看书。

姐姐和同学想试探她一下，便悄悄地在玛妮雅身后搭起几张凳子，只要玛妮雅一动，凳子就会倒下来。时间一分一秒地过去，玛妮雅读完一本书后，凳子仍然竖在那儿。从此姐姐和同学再也不逗她了，而且像玛妮雅一样专心读书，认真学习。

玛妮雅长大以后，成了一个伟大的科学家，就是著名的居里夫人。

她一生获得各种奖金十次、各种奖章十六枚、各种名誉头衔一百一十七个，却全不在意。她还是首屈一指的美女，但她也都不在意，说要这些虚头巴脑的玩意儿干什么。

最让女人生气的不是她长得美，而是她全然不知；最最让女人生气的不是她全然不知，而是她靠才华立足。

世界上最远的距离，是你在打玻尿酸，人家在拼。

如何让男人感觉非你不可

（一）

让男人感觉非你不可，你必须做到自己是独一无二的。

这个独一无二的分寸很难把握，引用《甄嬛传》里皇上说的一句话就是："你还有什么惊喜是我不知道的。"

女人要想一辈子在男人面前有神秘感，必须才艺多多。

你要是说，爱就是卿卿我我，婚姻就是柴米油盐酱醋茶，那我也没有什么别的可说。

其实人类最伟大的魅力，就是来自才艺的吸引。这一点，我相信许多已经魅力加身的姑娘和小伙子是知道的，并且势如破竹般在自己的生命里绽放着最迷人的光辉。

就说《甄嬛传》里的安陵容，长相一般，家世一般，唱个歌却能把皇上迷得七荤八素的。甄嬛本人就更不用说了，诗词歌赋、琴棋书画，样样精通。

我见过很多小姑娘，一起去唱歌，唱得如专业歌手一般让你着迷，作为女人都为之动容，男人呢？

有的小姑娘，每年公司里举办的文艺联欢晚会上，那街舞跳得，小腰扭得，让你三天三夜跟丢了魂似的。

有的小姑娘，在一起聚会时那小段子说得，把整个气氛挑得高高的，让人觉得生活真的很美好。

生活就是这样，有不断拼搏向上的，也有不断沉默下坠的。

（二）

前些日子，我一个"九〇后"小同事跟我讲："男友跟我话题很少，每天几乎只有晚上的时候才会发消息来问我在干吗，然后每次聊不到十句，他就要么说睡觉，要么说玩手机、看电视，也不和我多聊一会儿。

"目前我们才交往一个多月，我喜欢他多一点儿，他现在对我应该不太喜欢。我跟他说给他时间投入这段感情，只是这过程中我比较难受，毕竟他并不怎么关心我。

"我也想有人疼、有人嘘寒问暖。我现在该怎么办？"

其实这个姑娘长得还蛮漂亮的，为什么跟男朋友相处了一段时间后，就被相处腻了呢？

因为现在不只是你挑人家，人家小伙子也在挑你，而且条件稍微好点儿的，他还会额外增加精神上的条件，譬如：微信聊天不够有趣，聊着聊着，把天聊死了；穿戴不够时尚，穿着穿着就穿成了韩国大婶；不会化妆，小伙子喜欢看欧美妆，她偏偏化了个日系妆。

有时候，男人抛弃你了，你都不知道，仅仅是因为你化的妆不合他口味；有时候，男人抛弃你了，你都不知道，仅仅是因为聊天的时候，你写了两个字——"呵呵"。

好多人感叹城市套路太深，不如回农村。农村也有微信哪，农村不会聊天，也能把天聊死呀，农村不会化妆出来也会把人吓死呀。

现在找个对象，比上中央戏剧学院还难，吹拉弹唱带聊天，耍枪弄棒带套路。

（三）

以前单位有个实习生，每次我们出去吃饭，一堆人在那里讲笑话，那姑娘就在那里玩清高。你说大家是出来玩的，又不是参加鸡尾酒会，要装一下。

我们去路边撸串，人家会龇牙问："这个能吃吗？"

夏天天很热，我偶尔会把裙子撩起来，用裙子当扇子，人家会露出像看见个外星人一样嫌弃的眼神。

有时候进到单位，会端起杯子里的水像张飞一样一股脑儿灌下去，然后喊一声：爽。人家就用嫌弃的目光看着你："哎呀呀，都流脖子里了。"流脖子里怎么了，又不会让你舔。

有时候因为晚上写作写到很晚，顾不上打理第二天的衣服，就会在一堆乱糟糟的衣服里挑到一件比较皱的，人家会说："这衣服怎么不用熨斗熨熨哪，穿出来是不是跟你的气质不配呀。"然后眼神里都冒着鄙视之色。

总之，我这就是《乡村爱情》里的那些大妈气质，姑娘就是韩剧美少女气质。

我还一直感觉自己在气质上有些抄袭别人的嫌疑，而从姑娘的眼睛里，这一点得到了确定。

有时候我会问人家："你为什么不穿高跟鞋呀？穿了多好看哪。"

她会说："不喜欢穿。高跟鞋是为了显气质的，不是为了抵销自卑的，我的气质不用它衬。"

我偶尔还会说："听说你们小姑娘会化欧美妆，你教教我吧。"

她说："欧美、日系，对于你这个年纪来说最后都是大婶妆。"

好吧，承认自己不美，就是对别的女人最大的赞美。

后来别人给她介绍了一个家庭条件还不错的男人，她就开启了谄媚模式。

大约谈了一个月，她就设计了好多套路，要让男人娶她。

男人就告诉她，家里人对她不满意，还是早分手的好。

她死活不愿意分手，说："你玩腻了就想分手吗？门儿都没有。"

男人越来越厌恶她，就换了手机，这之后，三个月实习期都没有完成，她就走人了。

当然不知道人家分手的原因，但就像《欢乐颂》里面的小包公子说樊胜美那句话："这样的女人，满大街一抓一大把。"

（四）

不否认现代社会，好多女孩儿很势利，但你的穿着打扮代表着他对你的态度。为了让你们变得上流，说一句很下流的话：以我多年在男人堆里打滚的经验告诉你，男人喜欢的是那种经过多年人事磨炼后，依然单纯故我，经过诸多岁月洗礼后，依然笑靥如花的女人。

所以林心如四十多岁嫁给了霍建华。不要说一个老女人抢走了你们的男神。

从她婚礼上那些以粉嫩装饰的东西，就可以看出，她的一颗少女心并没有被岁月磨损，而是在岁月的洗礼后，越发弥足珍贵。

接受媒体采访时，她说："我不够圆融，对于不喜欢的人和事不会故意迎合。我不觉得自己需要为了这个圈子而改变。"

记者问："你会为了接一些很喜欢的戏，而做出让自己不喜欢的事情吗？"

林心如回答："我不会因为某个角色去牺牲自己的一些尊严，当然如果真的是很好的角色的话，我也会争取，但一定是通过非常健康的途径。而且作为艺人来讲，只要做好自己应该做的工作就好了，不要让太多的外物来干扰自己，不然眼神里就会失去那种很纯真的感觉。"

所以，你要知道，霍建华眼里的林心如只不过二十岁。

（五）

你会说，我要变得势利，因为人人都变势利了，我不变，好像显得我不会变似的，我要变一个给他们看。那你和那群人有什么不一样？

原本不一样的，就是你不想套模子的样子。套上了模子，就没了野性，看起来便也是千篇一律的。

你若要说，为了生存，我得一样，那我告诉你，为了耀眼，她们都不一样。

男人娶一个一样的女人，是为了过日子，但你要知道，爱一个女人，跟娶一个女人是不一样的，爱的那个女人，肯定在芸芸众生中稍微有些不一样。

在赫本演的《罗马假日》里，他爱上了她的纯洁而安静，不像别的女人那么燥热。但他自始至终都没有告诉她。

后来，他结婚了，送了她一枚蝴蝶胸针。

她也结婚了，离了婚，后来又结了婚，又离了，再后来，一个又一个男人在她的生命里兜兜转转，走近又走远。四十年的光阴里，一成不变地陪在她身边的，只有那枚蝴蝶胸针。

她至死都不知道，从他遇到她的那一天起，她便一直是他生命里的光，日日夜夜地灿烂在他心灵的最深处。

岁月蹉跎了她的容颜，人们看到的，是美人迟暮的悲凉，而在他眼里，她依旧是那个娇小迷人、眼里流溢着无限哀伤的女孩儿。他轻声地唤着她，她却没有回答。她听不到了，永远听不到了，白发苍苍的他久久无语地看着她，老泪纵横。

送别她时，他低下头，轻轻地吻了一下她的棺木，嗫嚅着："你是我一生最爱的女人。"

一个女人，一辈子住进了一个帅哥的灵魂深处，这也是一个女人的本事。

（六）

当代女人，虚荣的一抓一大把，势利眼的一抓一大把，我不要再多你一个。虚荣是为了掩盖更多的自卑，一个自信的女人，是不需要用虚荣去遮挡的；势利是因为你已经从流，无法逆流而上。顺着下游而走的女人，你知道，身上势必会带着下游水里的污浊。

《红楼梦》中的王熙凤是一等一的势利眼，她的老公说得最多的一句话就是：我烦透了她，迟早有一天要弄死她。

最后，贾琏居然找到自己老婆王熙凤杀人的诸多证据，把王熙凤送进了监狱。

王熙凤虽然是大观园中数一数二的管家能手，但最后还是死在了自己男人手中，可见一个女人失去了女人味的同时，就赢得了男人的厌恶，甚至杀机。

就如书中说书的："机关算尽太聪明，反误了卿卿性命。"

你要想嫁给日子，你的样子，顺着日子长就是了；你要想像林心如一般，让自己在四十岁时都能嫁给爱情，就得把自己打造得在芸芸众生中不一般。因为这就是生活，它的激情只给了少数人，多数人只在生活里装激情。

好看的女人，都很有才

（一）

昨天晚上，已经凌晨2点了，我接到了我一个亲戚闺女的电话，她在电话里哭泣着说："姐，小超现在还没有回家。"

我有些发蒙，迷糊地回答："他不在我这里呀。"

她午夜凶铃一般哭泣着："你说他现在会在哪儿，我打电话他手机关机，我发短信他也不回，他究竟去了哪儿？要不，姐，你穿上衣服陪我去找找吧。"

你有没有搞错？

我挂了电话，换了个流口水的姿势继续睡，不到一分钟，电话又响了起来。真的，如果不是看在同一个姥姥的分儿上，我愤怒的小宇宙早就爆发了。

"你还记得我上次跟你说，小超跟一帮哥们儿晚上没有回家的事情吗？那次我就跟他大闹天宫，都走到民政局门口了，他说下次再也不敢了，求我放他……呜呜呜，他不会去嫖吧？"

"你管他有没有嫖，现在是午夜2点，你再不睡，就会皮肤不好，他更要嫖，快睡吧。"我又准备挂电话。

她突然怒吼起来："不就是让你陪我去找找小超吗？有那么困难吗？"

我清醒了："你去哪里找他，能找到吗？如果他想让你找到，还会关机？"

"他如果去嫖了，我该怎么办？我，我不想活了，我……呜呜呜……呜呜呜。"

"不会的，你放心哪，他或许喝多了，或许在朋友家玩得晚了，就在那里睡下了。不要想那么多，赶紧睡吧。"

"他不会去嫖吧？"

"不会，不会，你上次都大闹到离婚了，他怎么会呀。"安抚了她波动的情绪后，我却变得毫无睡意。

（二）

哼，怎么可能不会嫖，就小超那一双坚定的撩骚眼神，看见姑娘就走不动路的"豪迈"气质，怎么可能这大晚上的老实待在家？

就我亲戚这闺女，没有多少文化，但看男人看得很紧。我常常告诉她，男人就是风筝，要有松有紧。

她常常觉得她的男人就得是鹦鹉，不仅要喂养在自己身边，还得学舌。就小超那只秃头鹦鹉，不知道究竟能学成什么舌？长相一般，工资一般，人品一般，家境一般，可亲戚闺女就是把他看成了李易峰。

上次闹离婚，动静非常大，搞得左邻右舍的人都知道小超一夜未归，在外面过夜。她还哭哭啼啼跑回娘家，在街道上指桑骂槐的。

只要小超一有动静，她就会问："怎么了？"小超的电话一响起来，她就问："谁的？"

智者看住钱包，脑残才看住人。

你掌管好家里的财政大权就好了，为什么要一门心思地扑在丑男身上？

亲戚家的闺女经常跟我说："小超不会出轨，因为他是个正直的男人。"

只有胆小的男人，没有正直的男人。

每次小超在外面彻夜不归，就是家里鸡犬不宁的时候。她会把家里所有的人都喊出来，弄得尽人皆知，甚至让父母都很揪心。这样的女人，真的太愚蠢了。

电视剧《昼颜》里的利佳子对她丈夫说："你知道我为什么能每天温柔地笑出来吗？你知道我为什么能够坚持每天毫无怨言地干家务和照顾孩子吗？你知道我为什么能够对这样的你从来不抱怨，每天对你说一路小心吗？发生什么事情，你就一副高高在上的样子说'是我挣钱养家'。你看轻我是个只有脸好看的无聊女人，你知道为什么我能够一脸欢喜地给在外花天酒地的你熨西装吗？因为我出轨了，因为外面有对我很温柔的人。"

故事很赤裸，但男人确实喜欢"出轨后"利佳子的样子。

（三）

以前看过一部电视剧《家有喜事》。

常家有三兄弟，老大常满有成功的事业，老婆程大嫂是家庭主妇，家里里里外外都被程大嫂照顾得很好，但是长期操劳，为了方便起见，再加上又没有其他出来进去的场合，程大嫂开始不修边幅。常满渐渐审美疲劳，心生厌倦，就在外面有了一个情妇Sheila，程大嫂一直被蒙在鼓里。直到有一天常满喝醉，Sheila送他回家而东窗事发，程大嫂愤然离家出走。

她毫无工作经验，只好先去"卡拉OK"厅工作，做一个陪唱女。她发誓改变自己，一改自己贤妻良母的本色，开始了风骚魅惑的性感路线。

她换了发型，化了妆，走路姿势都变得婀娜多姿，说话也不再粗声大气，而是软语温存，吐气如兰。

在一次常满去这个"卡拉OK"厅应酬的时候，已经变身成功的程大嫂打扮得花枝招展，笑语盈盈、骚情无限地被派过来陪常满喝酒唱歌。

包间里灯光阑珊，引得常满春情满怀，虽说看着这女子分外眼熟，常满却无心多想，宁愿沉浸在这灯红酒绿、心旌神摇中。男人精虫上脑之时，理性基本上为零，就和女人爱情上脑的感觉差不多。

男人此刻就想跟眼前这个女人翻云覆雨，其他啥也不想。

可是，他哪里知道眼前这个把他灌醉的女人，就是家里令他百般生厌的女人，那个经常在家里翻自己口袋，衣冠不整、姿容不堪入目的女人。

（四）

当然，如果男人好，女人也不会出轨，但是我们又不得不深信一点，那就是"出轨"的女人，更懂得把控男人心思。

当外面有那么多欣赏你的男人时，你变得有事可做。你像阳光一样普照大地的时候，你的男人才会小心翼翼地把你守候，而不是你歇斯底里、神经质地维护自己的婚姻。

前天晚上看了"明星慈善会"，看到我们的孙俪娘娘永远那么自信大度，朴素无华，没有耀眼的穿戴，没有华丽的服饰，没有矫情的伪装，安静地坐在台下，而其他的明星都那么耀眼，穿戴都那么张扬。

我跟老公说："这么绚丽的场所，你看孙俪穿戴毫不起眼，但在人群中，你又会一眼望向她。"

老公说："这就是来自女人内心的自信，谁也打不败，无须那么奢华。"

当邓超唱完一首歌后，坐到了其他明星身边，没有回到娘娘身边坐着，娘娘在乎了吗？她还不是笑语嫣然，大气十足，安静地坐在那里。

她在乎邓超在哪个明星身边吗？她在乎的是他的心在谁身上。

记者采访孙俪："邓超跟董洁拍摄激情戏的时候，娘娘您怎么看？"

孙俪大气回答："他有他的轨道，我有我的轨道，我们互放光芒。"

《南都娱乐周刊》采访她时问："你说你的生活无压力，你有什么欲望吗？"

孙俪说："我现在的欲望就是赶快吃个晚饭，我们都是生活在凡尘中的人，我一直在学佛，学佛是希望自己有更平和的心态和更多的智慧去面对生活的麻烦。智慧很重要，善良也很重要。"

（五）

好多女人心甘情愿地被囚禁在家庭的城堡之中，依附于丈夫，或依附于婚姻，失去了追求自由的勇气和力量，成为一只又一只"绣在屏风上的鸟"。

她们毫无智慧，在面对外敌侵略时，只知道歇斯底里，把仅剩的力气挥霍一空，等待着被婚姻凌迟，继而咆哮，最终过得不如其他女人。

在《斑纹》里，看到昆虫世界里，某些昆虫身怀非凡的拟态本领，伪装成枯叶、竹节或花朵，甚至伪造上面的虫斑，来保护自己逃离天敌的注视。

昆虫尚且如此，可愚蠢的女人只掌握了一门赖以生存的技能——咆哮。

第五篇

处世篇之『老子不想取悦你』

剩女都冷淡

（一）

前天我回娘家，我妈妈的老邻居找上门，要我给她的闺女介绍个对象，她说："你认识的男人多，求你给我家闺女介绍个对象。"

如果不是看在老邻居的分儿上，我一个拳头过去，她早满地找牙了。什么叫我认识的男人多，你让我情何以堪，让乡亲们情何以堪，那些老邻居会怎么看我，我妈会怎么看我，我养的那些猫猫狗狗会怎么看我？

她家闺女二十九岁，生性腼腆，长相虚胖，说话嗡嗡，眼睛微聚，胸部饱满，腿略粗。

我问她："你不会是处女吧？"

她点头，瓮声瓮气地回答："嗯。"

我捂着嘴，说道："不会吧，哈哈哈，怎么可能还是处女呀，那就是老处女了。"

我妈妈在一旁白了我一眼，我收敛了笑容，又问道："那你平时不跟男性朋友出去玩啊？"

她用手顶了一下眼镜框架，把手放在略粗的腿上，说："嗯。"

我说："这怎么行啊，你知道当初姐姐我是怎么倒追男人的吗？长江后浪推前浪，一浪更比一浪高。他们都以各种理由拒绝我，譬如，你胸小哇，你腿粗哇，你胳膊不细呀，你眼睛没有假睫毛好看哪，你笑的时候老喷我一脸唾沫呀，你走路有点儿外八字呀，你吃饭老跷二郎腿呀。"

"如果不是我这人宽宏大量，他们现在还能在祖国各地安居乐业吗？哼，他们的青春，都是一部欠揍史，不喜欢本姑娘的人，你知道最后他们都什么后果吗？"我问姑娘。

姑娘怔怔地看着我："什么后果？"

"后果，就是他们都结婚了呀。"

姑娘前俯后仰地笑起来："姐，你这人可真幽默。"

我就问姑娘："你为什么剩到现在？"

姑娘说："我觉得他们都很渣。"

我说："是呀，他们就是都很渣。我以前喜欢一个男生，我跟他说，我脑袋虽然大，装的都是托尔斯泰呀，莫泊桑哪，莎士比亚呀。他跟我说：'你装些老人干啥玩意儿啊。'然后，他就去找那些脑袋里只有粪的女孩儿了。是他们的渣，成就了我的不渣，我的不渣有他们的功劳。"

姑娘问:"你的意思就是我要多跟渣男交往啊?"

我说:"你看成功的人他们都踩着别人的肩膀。那些浪女人,为什么一直处于男人的热销榜,往往最后,她们还都嫁得好?"

姑娘往上推了一下眼镜框,说:"你的意思是说我不浪?"

我无语地看着她说道:"你还是不浪的好,你生性就是不浪的,浪起来违背了天性,反倒难看。"

之后,我在我的手机榜单里,给她找了一款帅哥,帅哥就给人家姑娘打了电话,约见面吃饭、散步逛街。

昨天,帅哥微信我:"姐姐,你介绍的女朋友,能用不?是哪个星球的呀?是不是囤积货呀?"你瞧,不是我语言犀利,是生活本身比语言更犀利呀。

男人就是喜欢享现成的,拿过来就用,不用看说明,不用现教。

(二)

以前在报社认识一个女孩儿——小敏。人家那叫一个清高,我们刚去实习的时候,人家是整个白眼球看着我们。我寻思着她患了白内障什么的。

看她颐指气使得能把天捅个窟窿,我们都让她赶快找个对象,如果再这样下去,生性会越来越怪癖。

人家说,男人没有一个好东西,没有一个配得上她。

不过人家确实挺有才华，每次的标题报道，总是新颖而让人眼前一亮，譬如，美国总统撒尿为啥老撒偏、古埃及遗址有点肾亏、人类文明尚须搞。

我们刚去的实习生，只会写个：老张的园林怎么在东边、老李家的媳妇怎么又怀孕、老董家种植的苹果树今年到底能不能有收成。

社长就用发抖的指头指着我们："同样是脑袋，你们装的都是屎吗？"

屎人有屎人的好处，就是：这个世界屎人多，走到哪里，都能碰到同类。

人家小敏很优质呀，很清高哇，很厉害呀，人家的同类是很难在同一星球出现的。

出去唱个歌，人家的范畴都在王菲级别的，我们就哼唧地摊歌。人家最后都会以一个别开生面的"喊"字嘲笑我们，并结尾。

过年，我们弄个晚会，要请别的单位的人过来一起玩，我们会借此机会接近帅哥，职业性地问帅哥一些问题：你怎么这么帅呀，你妈妈生你的时候是什么姿势呀，腿长是基因导致的吗？

然后，很快能和帅哥打成一片。小敏就一个人坐在角落里，喝酒，独舞。她看这些男人，就一个字——俗。

后来，我们那批实习生都纷纷跟俗人结婚了，她至今未婚。孟非说过一句话："剩女有她剩着的原因。"

（三）

有一个朋友，她有性洁癖。

就是每次做完以后，她要洗澡，还洗好多遍，总觉得自己很脏。可能属于严重性封闭一类的，也可能受中国这个传统文化的熏陶太浓，再加上父母比较顽固老套，导致孩子一直成长在一种性畸形的环境里。

就觉得跟男人做，是一种很脏的行为。

每次老公跟她上床，她都要老公洗好多遍下身，而且必须戴套，做完后，老公再困，都要下床去洗下身。

婚姻持续了三年，他的老公以半疯的状态提出了离婚，心想，也许吃一堑长一智，以后她就不会这么性怪癖了。

谁知道，人随着年龄的增长越来越洁癖。有时候，看个毛片她都会恶心地上厕所吐一大堆。

当一个人的内核越来越强大，她能接受世界。

你看《缘来非诚勿扰》里那些女孩儿，连男人有个腿毛都要挑剔半天，长了胡子也觉得接吻不方便，弯着腰都觉得是肾亏。

我说，你成天指着那几根腿毛过日子吗？腿毛短的男人就一定会赚钱吗？腿毛长就不方便赚钱吗？

我看詹姆斯的腿毛能绕女人一个腰围呀，你能说詹姆斯的腿毛很扯淡吗？人家可是 NBA 最值钱的腿毛。

有的姑娘甚至说：排队！拿号！按单双日，分初复赛。只能说，你演得很好，装纯是你的路子。

我们什么都行，我们也能吃粗粮。

大龄剩女产生的原因，其实是认不清或是不愿接受自己从卖方市场到买方市场的转变，错误地把自己在约炮市场的行情等同于严肃婚恋市场的行情，再加上众多媒体的误导，说什么中国有几千万剩男，让她们根本没有意识到在一二线城市适婚年龄女性择偶难度远远大于男性的事实。在遭遇困难之际，也不知选择正确的做法，比如提高自己，扩大择偶渠道，加大择偶精力，降低择偶要求等，而是白日做梦，自暴自弃，最终与成功渐行渐远。

自不量力的人生就是作茧自缚。

（四）

有一个姑娘，最近跟一小伙子谈对象，那小伙子挺腼腆，家庭也不错，还老对姑娘嘘寒问暖。这样的男人，真的适合过日子。

我跟姑娘说："你也不小了，碰到这样的小伙子，也算不错了，赶紧找父母定个日子吧。"

人小姑娘说："姐呀，你什么眼光啊，就他那样的，只适合陪我吃饭，其他的一概免谈。"

人家说，怎么也得"高富帅"吧。我看了看姑娘，个子一米五五，长相一般，还爱挑剔。挺浅一水池，还想养条大鲸鱼。

她不愿意，人家小伙子家里人就开始给小伙子张罗对象，家里人张罗的对象，真的叫一个漂亮。

她听说人家找了对象并打算结婚，跑到人家家里苦苦挽回，可人家小伙子家里人说什么也不愿意。

后来，小伙子在家里人的安排下结婚了，她傻眼了。

她后悔不该对人家那么冷淡，不该那么傲娇，成天跟我絮叨此事，并问我，能不能再遇到像小伙子一样的男人。

柳青说过："人生的道路很漫长，但关键处就那么几步。"

生活不是电影。一切都会在电影的字幕下写个——多年以后，然后，人就都老了。生活就是生活，一步一个脚印，跟相爱的人热情洋溢地走完一生。

社会的残酷，是相貌与欲望不匹配。

我从来都是热情的，包括对以前抛弃我的男人。

上次见了一个以前我追过的男生，现在已经是男人了呀，呵呵，他非常不好意思地躲着我的眼神。我就上前展开双臂，道："都过去N多年了，还不让抱吗？过来，让本妇女抱一抱。"

穷途末路的人才对过去眷恋不已。

（五）

我以前追求人家，给人家写的诗句是："我的眼神里全是火，你的眼神里全是冰。"人家说，那是因为你的火小，融化不了我这块冰。

我的追婚记，也是一部万恶的坎坷史。我的青春原本是清冽的小河，流着流着就浑浊了，没有热情了。我就希望自己做大海，杂七杂八的人都能容忍，而且把垃圾袋丢我怀里的人，我也笑着接纳。

现在他们不都喜欢我了吗？我的灵魂以每秒三十万公里的速度，刺激着他们的眼球，他们眨巴着眼崇拜着我。

一个女人，要想不被剩下，不是以一颗高冷的心来面世，而是以柔情看待这个世界，以热情来降服一切。总有一天你会发现，男人、女人、世界，都是你越热情，收获越多。

孙悟空去西天取经，要经历九九八十一难才能取到真经，而且途中每遇一个妖怪，他都那么热情地去降服。他并不会因为自己身怀绝技而冷淡任何妖怪，这是他成功的必然，做人也一个道理。

全世界的人都把你踩在脚下，全世界的人都鄙视你，把你视作粪土，你还是你，你心里的美、心里的好——依旧。

千万不要冷淡对待一切。

老子不想取悦你

（一）

刚开始写文那会儿，我曾经加入一个作者群，里面好多写文的，还好多都是"大咖"。

我每天都会发一些文章在里面，每个人写好了，都会发在里面，好多"大号"看到了会转载。

大家都知道，我写文比较犀利，口味比较重。前段时间，我大概写过一句："穿上衣服到处歌舞升平。"谁知道，有个女人在群里骂了一句："你是不是干过妓女？"

之前写过："一个姑娘长相一般，还想找'高富帅'，挺浅一水池，还想养条大鲸鱼。"

这个女人又回复："你算什么鲸鱼，在这个池混。"

私下我的几个朋友都说："你口才那么好，跟她开撕，你看她多嚣张。"

当然，刚去的好多写作者都会捧着她、取悦她，她总是"哼，爷就是这么狂"的表情。后来我去看了她的文章，真的写得很一般。不是我要嘲笑她，她坚持写了半年，只证明一件事情，就是她不适合写作。后来她终于写不下去，回家生孩子去了。

我曾经写过，"我想在男人身上钻木取火，男人说钻死他也取不到火"。这个女人就把我的文复制在群里，哈哈大笑，在下面写道："不嫌丢人，还在男人身上钻木取火。"

我私底下跟圈里朋友开玩笑："我火到这个程度了吗？还复制骂我。"

刚开始写文的时候，每天打开后台，骂我的数也数不清。我能做的只是：第一，置之不理；第二，该干什么干什么。

最近一则新闻报道，乔任梁因抑郁而死。受不了网络巨大的舆论压力，顶不住风口浪尖的闲言碎语，一个年轻的生命就这样消失了。

范冰冰当年出道时，几乎是受到整个社会舆论的非议，说她演技一般，全靠睡，但她还不是闲庭信步？

写公众号的"和菜头"，当年更是经历了生死的搏杀、网暴的袭击，骂声不绝于耳，但这些依然没有阻挡住他成为网红。

(二)

可能好多人，用尽一生拼命证明的一点就是：他交际广，朋友多，取悦得了许多人。但生命的绝情之处，就是往往这些人比较平庸。

因为有的人你真的取悦不了，你之所以能取悦他们，是因为你花了多倍的时间在对方身上。

以前在一个邮局上班，碰到过一个大姐，五十岁出头，靠关系进了邮局，人很油，刚去的新员工就会使劲巴结她。尤其是一个刚去的小姑娘，每天早餐会顺便给大姐带点儿，并笑意满脸地恭维："喝豆浆养颜，所以顺便给您带点儿，知道您早上起来要送娃上学，上班赶不上吃早餐。"

背地里，大姐又跟我说："那人怎么那样啊，说豆浆养颜，是说我老吗？什么人呢这是。"

我说："她也是好意，说者无心。"

因为刚去，姑娘会有不懂的，就想问大姐，大姐总是一副冷冷的表情说道："自个儿多学吧，师父领进门，修行在个人。"

可关键是你领人家进门了吗？非但没有，还用门挤人家。

有一次，我们几个要出去吃饭，姑娘就说："你们都去吧，我一个人在这儿盯着，中午人也不多。"

我们吃完饭，回来的时候，我就想顺便给姑娘带点儿，可那位大姐说什么："你给人家带了，你问人家要钱不要哇，再说了，几块钱，你好意思问她要？"

我当时心里想，人家姑娘成天给你带豆浆，还一口一个大姐叫着，你背地里怎么能这样啊？

（三）

以前我也这样，刚毕业那会儿，家长总是告诉我，在新的单位要多干活儿，少说话，最好会巴结上级。

前几天看《超级演说家》，北大才女刘媛媛讲道："当你刚到一个单位，老一辈用手拍着你的肩膀说道：'小姑娘啊，好好学着点儿吧，学着去适应这个社会。'你不该低声下气地认同，你要告诉他：'我不是来适应社会的，我是来改变社会的。'"

现在年龄大了，真的觉得如此，你越是给这个世界让路，路越窄；你越是出声，他们越是习惯了你出声，甚至让你发声。

你越是不发声，他们越是会说："你发什么声啊，平时都不发声，你搞事情啊？"

有的姑娘总是问我："姐呀，你说现在这人怎么这么难相处哇？刚来单位，下班的时候总是要最后走人，关了门窗，把各个开关都关了再走吧，可背后就有人说我一副阿谀嘴脸。后来我就不关门窗了，也不关开关了，下班的时候总是先走。有人传话给我说：'以为自己是谁呀，耍老大，也不看自己有没有背景，有没有后台。'"

我说，你管他们哪，他们都闲的，你干你自己分内的事情就好了。

《甄嬛传》里，有一集甄嬛去看皇上的时候，正好被出来的一个妃子撞见，她就对甄嬛说："皇上这会儿可没有工夫见你呀。"

太监这个时候正好说："小主哇，可把皇上等急了，快进去吧。"

甄嬛对那个妃子说："皇上见不见我，可不由得姐姐您说了算。"

走后，甄嬛旁边的丫鬟问道："小主这样说，不怕得罪了她？"

甄嬛说："在人情往来这件事上，既然无法周全所有人，就只能周全自个儿。"

人情你是取悦不完的，只能取悦自己，才活得痛快。这个世界上，最冒傻气的事情就是在别人的生活里跑了一辈子龙套，却不愿意在自己的世界里当主角。

（四）

前几天，我回娘家忘记带钥匙，邻居说，我妈在不远处玩麻将。

我就小蝌蚪找妈妈地找到了，结果我进去的时候，里面正好高一声低一声地在吵架。

只听一个女人（A）骂道："你没有钱就不要玩，三缺一凑个人头，看来你都不算个人头，是个猪头。"

另外一女人（B）也骂："你老公不就是一个教书的吗？有什么了不起。"

A女就回骂："哼，有本事你叫你老公也去教书哇。"

B女说："恶心，有什么了不起，一个文化人的媳妇就是这副德行吗？"

两个人正开撕，我一进去，一颗飞过来的麻将子差点儿毁了我的侧颜，我一看，是那跋扈的A女扔的。

回家的路上，我跟我妈妈讲："这样的淤泥里，你怎么待下去的？"

我妈妈就反击我："你以为你单位是块净土哇，哪里没有素质低的人。只不过，我们是明争，你们是暗斗。"

说得好深哪。

有一次，我替我妈妈玩，刚打嘛，就东一榔头西一棒槌的。那Ａ女就问："你究竟会不会打呀？"

我抬头一看，妈呀，怎么跟高考气氛一样一样的，而且她当时真的是一副监考老师的脸。

我就说："我是替补人员哪。"

Ａ女说："你是替补人员，玩的可是我们的钱。"

我就说："不就是娱乐一下嘛，至于吗？"

Ａ女说："娱乐？谁跟你娱乐呀，你怎么不去洗浴中心哪，那里到处是娱乐的男人。"

我当时就站起来说道："你几天没有同房了，便秘几年了？"

另外两个女人忙说："算了，算了，她老公是高中老师，你就让着她点儿吧。"

我笑道："高中老师呀，那你更应该知道勾股定理告诉我们，世界这么美好，不应该暴躁。"

随后我拿起剩余的钱就走人了。另外一个女人跟我同路，也出来了，路上她畏畏缩缩地说道："你是怎么做到的，搁在我身上，真是不敢哪。"

后来我回娘家，Ａ女遇见我，总是老远就笑道："回来了。"

所有的人性，无非一个字——贱。

（五）

当一个人打不赢这个世界，又无法说服自己时，柔弱便成了折磨自己的锐器，一点一点把生命割伤。

对于有的人，你的温柔就得带点儿凶狠，因为很现实的一点就是你要立足。

左右逢源的人，看起来跟谁都好，但其实谁也不跟他好。到不惑的年龄，你就会知道，复杂永远拼不过简单。

简单的道理，就是老子不想取悦你，你爱干吗干吗去。

一位作家说过，我们身边有六十亿人，但是，这一辈子我们最多活在六十个人之间，而让你至爱与至痛、至喜与至悲、至生与至死的，最多不过几个人，这几个人，才是你的世界，所以更多的人、更多的事，你都不必去在意。在意得越多，就会沉陷得越深，就会纠缠得越久，就会被折磨得越苦。简单点儿，简单便是快活。

取悦某些人，是给别人找活路，给自己找死路。

如果你足够真诚

在一期《缘来非诚勿扰》里，有四个男人登场，一个低矮，一个高富，一个平常，一个平凡。

那个低矮的男人最后零盏灯，没有女人愿意被他牵走。记得有一期的一个东北小伙子，个子也不高，长相也平凡，但他牵走了一个外国美女。这让所有人都很震惊。

其实，我一点儿也不震惊，因为小伙子身上的乐观，足以感染现场的每一个人。一个人在生活的起初，也许感受不到生活的真实面目，越到最后，越会发现，生活中的泥淖很多，但凡战胜它的人，多数是乐观的。

那个低矮的男人刚一出场，我就预言他最后肯定是零盏灯，没有女人愿意跟他牵手。其实，我最后很想跟小伙子道歉，因了我的乌鸦嘴，他遗憾地离场。

他给人感觉不舒服的，就是他的摇头晃脑，跟孟非谈话的整个过程中，他的形体和语言让人极其不舒服，仿佛一个不倒翁站在台中央。当然思想的乏味又是另外一说，一个没有把外貌和形体放在关键部分去严格要求自己的人，思想上可能更捉襟见肘。

"高富帅"一出场，整个现场就"嗨"了起来，他就像一堆土豆里的西红柿，红得耀眼。虽然现在"高富帅"很走俏，但走俏的程度着实出乎我的意料，现场一片骚动，女人们几乎疯狂爆灯。

虽然，每个人都按照正常的胚胎发育而成，但从出生到现在，不得不说，生活如河流，有的河湍急，有的河平坦，有的河宽敞，有的河狭隘。最后，它们展现出不一样的"湖泊"。

现代人喜欢骂一些"高富帅"装 ×、装大爷、装……一切都是装，把稀缺姑娘抢走了。这个世界上的资源是做不到人手一份的，尤其是姑娘们。

孟爷爷乱了方寸，居然有十五盏灯为"高富帅"而留。最要命的是，两个姑娘展开了撕 × 大战，撕得空前绝后。两人一起爆灯，其中一个女人没有爆成，当场大哭，喊道："你们'非诚勿扰'道具有问题，我也爆灯了，可灯没有亮。"

几个女生上前给她递纸巾擦眼泪，那个女人就在那里伤心地哭，眼泪抑制不住地哗哗往下流，看得人心疼。

最后灭掉了十二盏灯，姑娘被留了下来，此刻她的脸上才绽开了笑容。

在最后关头，"高富帅"问了一个问题："如果抽烟、喝酒、烫头，三样中选择一个不能干，你们选择不让我干哪一样？"

有的说，抽烟不能，太呛；有的说喝酒不行，太潦倒；有的说烫头不行，像个女人。唯独那个因没有爆灯成功而哭泣的女人说："我爱你，你干什么都行。"

最后她居然被选中。在四个女人中，她是长相最平凡的一个；在四个女人中，她是一眼就不被看好的。她却被选中了。我们几乎同一时间认为"高富帅"会选中那个长相出众的女人，却不料最后他选择了她。

也许现代社会，我们习惯了接受，害怕受伤，我们不敢，所以我们平庸。我们害怕付出会没有回报，我们瞻前顾后，我们宁愿嫁给一个自己不爱的男人，顺理成章，不要那么提心吊胆地过完一生。我们一边羡慕着别人，一边捶胸顿足。

可我们应该知道，不能一边望着悬崖的陡峭和旖旎，一边害怕自己体力不支、精神不足。

要知道，有时候爱上一个"高富帅"，爱上一个坏男人，你就得对自己说一句：我爱他，他干什么都行。

因为你欣赏了他的陡峭，觊觎了他的美貌，你就得做好准备迎接攀登的艰辛。

最后，那个爆灯却没有被选中的女人选择了人类极限运动"破罐子破摔"。她告诉自己，无论下一轮出来一个什么样的男人，无论是不是丑、瘸、残，她都要离开这个舞台。因为"高富帅"走了。

所以当她选择一个相貌和品学都不如自己的矮男人时，一旁的嘉宾黄澜哭了。黄澜说："她是绝望了，才选择一个不爱的男人。"

黄磊说："这就是生活，不可能人人如愿。"

就如村上春树说的："你要做一个不动声色的大人了。"其实，真的是如此，当你走过岁月，回头看它的样子，越是狰狞的时候，越得不到，反倒是你心如止水的时候，一切都来了。

年轻的时候，我们想，我比她优秀，比她的臀翘，比她付出的多，凭啥"高富帅"选择了她，没有选择我？

我在年轻的时候找对象，看上一"高富帅"，我甚至钻研了外国名著、中国古典名著，能钻研的我都钻研了，"高富帅"还是选择了另外的女子。时隔多年，我拼命付出、奋斗，就是为了证明一件事——他是错的。

可现在想想，也许他的放弃是对的，他把我逼成了最美好的样子。现在的我更加坦然，更加坚毅，更加乐观。

也许他没有选择你，他是错的，但你放弃了乐观，放弃了真诚，那你就是错的。

一次次真诚，如果换来一次次失望，我们便学会了把自己藏起来，久而久之，就会变成孤岛。

《来自星星的你》里的女主角说："这世界有欺骗，有阴霾，有恶语。"男主角说："不要打交道就行了。"女主角说："那跟一座孤岛有什么两样。"

没有遇到"高富帅"之前，我们要真诚，迟早有一天，这个世界会动容。也许为你动容的不是"高富帅"，但也要坚持，不要"破罐子破摔"。

迟早有一天，你会发现，乐观是你的左膀，真诚是你的右臂，缺一项你都是残疾的。

也许直到最后，世界都没有为你动容，但至少你不是残疾的。

你的善良要有所收敛

（一）

一个朋友给我留言。

有一次单位组织员工一起出门参展，她负责带电脑，结果到了现场，电脑不见了。

大家急得不行，领导就要莅临，怎么办？没有电脑，大家几个月来的心血就将完全浪费，要等到明年了。

"都是你啦！"经理先对她开炮了，"刚刚出门明明提醒过大家，就只有你忘了带！"

她都快要哭了。

然后，有一位副经理也开始数落她了。

"你看看，你的包包记得带，假睫毛也记得带，偏偏最重要的电脑……"

然后几个老员工都你一句我一句地嘀咕。

这时候，突然有人大叫："找到了！"一位男同事喊道，"电脑在这里啦！"

原来，电脑是带来了的，只是被搁在旁边。这个朋友小玟匆匆忙忙带了大包小包，不确定是不是包括电脑，其实她带来了。

这下，气氛可尴尬了。

不过，那位经理也蛮"阿沙力"（爽快）的，立刻就对这位女同事道了歉："哎，真对不起，我没搞清楚就开骂。小玟，我向你致上最深的歉意，盼你不介意！"

另一位副经理也道了歉："小玟我下星期请你吃饭，谢谢你啦。"

她也很有风度，笑笑了事。

没有想到，在之后的工作中，但凡小玟稍微有点儿纰漏，他们就会指责她。上司指责她就算了，副经理以及有的老员工也指责她。

都说职场如战场，要收敛锋芒，所以，基本每次她都会笑笑就过去了。

可她发现，有的人总是借机暗讽她。

有一次，她听到有位同事跟另外一位同事说："小玟简直就是个傻子。"

她每次都想着息事宁人，优雅面对，想安安分分，可即使她脾气好，但听到他们这么评价自己，真的很难受。

（二）

这让我想起我的另外一位同学郑月梅。

只是她毕业的学校与名牌大学相比，差距很大，因此，她在找工作时没少受歧视。她至今都记得当初来公司应聘时的场面。看过简历，有个主考官不屑地说："学校不是很好，不知道将来能不能胜任我们的岗位需求。"

这下把郑月梅的火气激发出来，她大声地回答说："肯定能胜任，学历只是个标志，工作起来还需要真正的实力才行。"

她的这番话引起了另外一个面试官的兴趣。这是个五十多岁的男人，应该掌握着面试的最终决定权。他微笑着说："这个小丫头有那么股猛劲儿，我觉得她行，先留下试用吧。"

就这样，郑月梅最终走进了现在所工作的单位。大概是因为应聘时的"出色"表现，入职后，她被安排在办公室打杂。

每次忙完工作，就会有别的同事让她去楼下买点儿早点或者咖啡之类的。

她想拒绝吧，自己又是清闲的，而且都是在这里工作很久的人了，不好意思拒绝。

但有的人总是变本加厉。有一个比较刻薄的J女士就是这样的人，郑月梅每次都要给她带东西上来。

有一次带咖啡忘记放糖了，她就皱眉说道："好苦哇，都告诉你要放糖了，你怎么还是忘记了。"

她很愁闷，不知道在职场中如何面对这些老油条。

（三）

我想说，对于这样的事情，虽然忍一时风平浪静，可要知道，从此你就成了一个采购员。

你忍着，无奈风大。

面对这样的事情，我每次都想说，退一步海阔天空，可退一步后面有可能是悬崖。

爱默生说过一句风靡微信朋友圈的话——你的善良必须有点锋芒。

我们也听过一个故事。

甲每天给乙拿一个鸡蛋，乙已经习惯了。有一天，甲把拿的鸡蛋给了丙，乙不高兴了，说："那是我的鸡蛋，你凭什么给丙？"

乙已经习惯了别人的好，所以她就觉得那些好都是应该的。其实那些好，都是生命对你的额外馈赠，可乙就看成是理所当然。

这就是人性。

老一辈人常告诉我们，低调做人，可现实中，低调的人都沉默而死了。鲁迅说："不在沉默中爆发，就在沉默中灭亡。"大多数人都灭亡了。

（四）

当然，不是说我们不善良，但善良也得分对谁，你的善良有所回馈，善良就用对了地方。

爱默生说："尽管我们走遍全世界去找美，我们也必须随身带着美，否则就找不到美。"

善良是对的，你只有心存善良，才能找到善良。

可人性的诡异之处，就在于有的人把善良解读成懦弱，或者可欺，一味地拿捏别人。这不是你的错误，这是他人人性上的污点。

（五）

刻薄的人，她以为利用了别人，可她失去了美貌。就如文明的人以为自己购买了车子，其实失去了健康。

所以，总是得不偿失的，我也不希望姑娘们失去善良。

但针对那些刻薄的人，你要有计策。不能一味善良，因为你要生存。

就如那位同事说咖啡很苦，你就告诉她："是呀，咖啡跟我的腿一样苦。你知道大热天跑楼梯有多苦了吧，都在咖啡里，不多说了，你一喝就知道了。"

下次，她再想叫你去买咖啡，就会考虑你的话中之话了，从而有所收敛。

就像上面说的小玟，忘记带电脑被领导训斥，是情理之中，但旁人看到小玟闷不吭声，就都开始指指点点了。

这就是人性，一旦有一个声音开始指责你，你默不作声，别的声音就都来了。

小玟的错误就在于她太优雅了，生活需要优雅女，但职场只需要女汉子。

有的人需要你撕去自己优雅的外表，你就必须撕掉。没有一个人可以拿着一张表皮走完一生。

有的人，你对他越纵容，他对自己越纵容。

请速离那些不会说话的人

（一）

前两天，我使出吃奶的力气，在淘宝给我妈妈淘了一件中年俏服装。

我妈穿上，春心荡漾，一个劲儿地问我爸爸："好看吗？"

我爸爸在一旁鸡啄米般点头："闺女的品位就是不错，你看看，你穿上立刻年轻了十岁。"

我妈妈就蹦跳着去找邻居了，我也跟去了，想着邻居夸我妈的时候，顺带着夸夸我的千里眼。

没想到还未进门，那邻居就说："以为你刚参加谁的葬礼回来，怎么穿这么灰暗的衣服哇。我告诉你呀，咱们这个年龄不能穿灰色的，要穿就穿亮色的，你看你皮肤本来就黑，穿暗色的不好看。这衣服哇，人家模特穿上好看，咱就一介老农民，穿啥都穿不出好来。"

我妈转头问我："能退不？"

我说："我觉得挺好看哪，不用退。"

我内心已经赏赐了邻居十八个耳光，外带二十口唾沫。

但邻居一点儿都没有赶紧领赏退朝的意思，继续说："闺女给你买的吧，我就说了不能到网上买，咱们这个年龄啊，得到店铺里去买，这样好试试衣服。你瞧，现在买回来，不合适咋办？"

我妈说："网上能退。"

邻居以十几年补刀老手的资历说道："赶紧退吧，一秒都不要耽搁了，给你的气质拉分。"

我妈转头，以慈禧老太要给儿孙开道的杀戮眼神看着我："我就说了不要给我在网上买，你看看瞎了吧，走吧，赶紧回去退。"说着，跟拎小鸡一般拎着我，走出了邻居的家门。

邻居拉开窗，探出头，喊了一句："速退哇。"

回到家，我妈妈脸上刚出门时候的肾上腺素完全退潮，满脸杀气地把衣服脱掉，甩在沙发上，露着膀子，盘坐在沙发上："能退了吗？"

我赶紧单膝跪地："喳，能退。"

我爸爸说："挺好看的，你怎么出去一趟就非要退哇，多麻烦。"

我赶紧站起来附和："是呀，是呀，真的挺好看的，别听邻居瞎叽歪。是她穿上不好看，所以她觉得所有人穿什么都不好看。你紧锣密鼓地回忆一下，你每次穿新衣服，她说过一个好看吗？"

我妈妈放下盘坐的二尺七的大腿根，以最近东南方向回温的柔情看着我爸爸："真的好看？"

我们两个鸡啄米地点头："嗯嗯，嗯嗯……真的。"

我妈妈又以慈禧起驾的姿势，让我爸爸给她穿上，在镜子面前转了八圈半："那邻居怎么说跟葬礼服一样啊。"

我说："上次我戴了条项链，她老远看见我就喊道：'哎呀，丫头回娘家了呀，怎么戴个狗圈子回娘家呀。'就前天，我涂了跟《小别离》里面女主角一样的姨妈红口红，她老远看到我就说：'你早上吃的啥呀。'然后就举起自己系着的围裙过来要给我擦。我躲都没来得及躲，擦了我满下巴。"

人倒是挺热情，可不知道哪里不舒服。

（二）

有一次，单位同事说旁边的咖啡屋新进了一批咖啡，喊！应该是新进了一批男服务员，有两个特别高大、特别帅。

我来不及关电脑就下楼了，跟一个同事去参观。我那同事更色，一个劲儿地要续杯，把人家男服务员续到手抽筋。

当然，我要说的是我的同事。

回来的时候，我的电脑被另外一个同事打开了几个文件夹。

我当时就提着同事的领子到我电脑跟前："瞧见了吗？都是秘密文件，万一流出，我的名声怎么办？"

同事满脸嬉皮地看着我："你流得起。"

谁知道，一起去咖啡屋的同事脑残地说道："都是同事，别闹成这样，好了，好了，算了吧。"

我继续说道："记住，我所有写着'秘密文件'的文件夹都不许打开，否则你的脑浆会很有节奏地进出。"

那同事扳下我的手说："你这是此地无银三百两，看到秘密想窥视是每个人的欲望，你改成'不是秘密'四个字就OK（好）了。"

一起上咖啡屋那个同事又加了一句："好了，一个人少说一句就是了。"

真是人际关系的毒瘤，本来我们压根儿就没吵，而是斗嘴，这完全没有必要的两句搞得气氛很尴尬、很僵，像大家立刻要散伙的气氛，一下子就进入了冰点。

很多关系不错的友谊，就是被这种垫话给垫死的，这样low（低）的气氛一直持续到下班，人人都很沉闷。

（三）

一个小姑娘最近失恋了，以被全世界抛弃的衰姿游走在我们中间，像祥林嫂一般告诉我们："闺密不可信，夺你老公，夺你男朋友，夺你的一切。"

我当然是全人类最八卦的那个人了，当时，我就请她吃冰激凌奶油蛋糕问她实情。

她以贝微微最近很火的一句话回道："我除了接纳你的美色，其他概不接受贿赂。"

　　她有节奏地重复着一个傻 × 被甩的故事。"我结交了一个长相、家庭都不错的男孩子，不是兴奋、高兴嘛，就第一时间通知了我的闺密，并发照片给她看。闺密说：'你没发现你男朋友鼻子歪呀？还有哇，笑起来不是很舒服。'后来，我就总是试探我男朋友的笑容，他笑起来是不怎么好看，露着一颗虫洞牙齿，很黑，难看死了。

　　"有一天，我闺密叫我逛街，我正在跟男朋友逛，我们就一起逛了起来。之后我闺密跟我说：'你男朋友那人很死板，一点儿都不幽默。唉，这样的男人结婚后很沉闷，一点儿都不好玩。'我就跟男朋友说：'网上那么多段子、书籍，你成天闲下来不要老看手机，玩游戏，你也上进一下下。'男朋友就觉得我老爱挑他的毛病，渐渐嫌我烦了。

　　"有一次，跟闺密逛街，我买了条性感的裙子。闺密说我的大腿肉有点儿多，而且还往外延伸，穿上超短裙，容易露丑，我们女人穿裙子该扬长避短。"

　　我看了看姑娘的腿，没有那么邪乎哇，谁看那么仔细。男人顶多瞄一眼说："大致匀称，是条好腿。"谁还趴在腿上左看看右看看哪。

　　"我没有想到的是，我闺密竟然跟我男朋友搞在一起。"说着，姑娘就着满嘴的蛋糕哭了起来，"我真想宰了她，跟他埋在一处。我诅咒她掉水里，我会第一个去撒泡尿。"

　　我递给姑娘纸巾说道："我曾经也路遇很多渣男渣女，我在一篇文章《剩女都是性冷淡》里写过：'是他们的渣，成就了我的不渣。'"

你踩的肩膀不一定是巨人的，渣人的肩膀也是肩膀啊，也可以踩呀。你得振作，从他们的肩膀上崛起，而不是从他们的肩膀上摔下。

有一天，你终会说："谢谢你们，渣男、渣女，你们成就了我。我的单纯就是烙饼锅，既可以烧出好看的葱花蛋卷，也可以烧焦你。你谨慎用吧，不是所有的单纯都可以被毫无界限地利用。"

姑娘笑笑："姐，我喜欢看你的文章。"

我有点儿不忍地看着单纯的姑娘："快吃吧。"

（四）

我对两种人把持不住，一是单纯的姑娘，二是成熟的男人。

因为他们就是一个个历历在目的昨天的我。

我曾经也是那么疯、那么痴、那么癫，最终我长成了我想要的样子，就是痴傻癫的混合体。

我喜欢过一个男人，当然不止一个，如果说一个，这个男人看了我的文章会高兴得阳痿的。

我就向我的闺密说了大量对于他的溢美之词。我说："他是世界上最完美的一个情郎，如果他不爱我，我就披袈裟。他是尘世间最后一颗保存完好的精子，他就是神，是我所有的心思，他是花、是云、是峰，是人间最美的景。"

我闺密说："是真的吗？"

我说："嗯，要不然我给你介绍他。"

介绍完之后，当然很没有悬念地，他们在一起了。我就是世界上一号大傻×。

为什么你们可以成为闺密，因为眼光、性情都一样，甚至看男人的眼光都一样，你傻呀，把近身男人介绍给闺密。这种有节奏的死法我常干。

他们在我眼前"虐狗"，他在食堂喂她饭，在雨天给她打伞，在生日送她娃娃。他们在我眼前接吻，在我跟前干坏事。

他们赤裸裸地向我揭开了人性中最残忍的一面，不过现在我挺过来了，以最消遣的口气讲这件事，可当时我差点儿见了阎王。

我高烧四十六度，体温计都测不出我的体温了，医生说转院吧。我说，在我死之前，我想问那个男人几句话，因为当时远在外地上学，父母根本不在身边。

医生以临终告别的态度让我见了那男人。我嘴唇发白，满眼模糊，四肢无力地问他："你爱过我吗？"

他摇摇头，低下了头。

我真是赶死的节奏，又问："那我去操场跑步，你为什么站在那棵松树下朝我笑？"

他说："见了熟人不笑哇？"

我说："那为什么那次我上厕所没有带纸，你从兜里掏出纸给我？"

他说："上厕所我不给你纸，给你胶带呀？"

我以临终留言的模式告诉他："为了你的好，我拼命按下了我心中的快门。"

他说："我也为你的闺密留了快门。"

我一口气没有上来，差点儿走了。可阎王不收我，我又在医务室独自待了几天，那几天就是我生命中最不堪的日子。你瞧这男人多不会说话。如果当时我真的走了，他就是直接杀人犯。

我挺过来了，鬼知道我经历了什么。

后来，我遇到一些失恋、被抛弃、被闺密抢走男人的女子，我会说："人生中没有痛苦，那还有什么意思？关键是战胜痛苦后的喜悦才是最值得人骄傲的。那些痛苦的日子才是他生命中最好的日子，因为那些日子塑造了他。那些开心的年份呢？你懂的，那是彻彻底底的浪费，因为你从里面学不到任何东西，所以如果你一觉睡到十八岁，想想你该错过多少痛苦哇。"

（五）

不会说话的人太多了。

有一次，黄渤和郑裕玲一起做颁奖嘉宾。郑裕玲首先拿黄渤的造型开涮："今天晚上你穿的是睡衣吗？"

黄渤的聪明机智立马展现，他说："你五年没来，这五年我一直都在金马奖。所以我已经把金马当成自己的家了，回到家里穿什么？"

好险哪，万一接不住，这话就问得太尴尬了。

当然，更屎尿臭的大有人在。有一次，林志玲参加一个记者访谈会，有人就问林志玲："听说你交的朋友都是牛粪。"

我知道中国的奇葩越来越多，可没有想到中国的土壤这么肥沃，孕育的奇葩越来越生猛。

林志玲回答："我的朋友都很牛，但不粪。"

对于这些不会说话的人，我真的想问问，是不是小时候被什么东西击过脑袋。

尤其是在现代社会这个人们只听得惯好话的年代，你让对方舒服的程度决定了你的高度。

一句话可以让你迎婚，一句话也可以让你退婚。

一句话可以死人，一句话也可以救人。

一句话能让你一天高高兴兴，一句话也能让你一天闷闷不乐。

人生短暂，眨眼间各奔东西，眨眼间尔虞我诈，眨眼间你死我活，眨眼间花开花落，眨眼间愤世嫉俗，何不有话好好说，开心一天是一天。

深爱，从不打扰你

（一）

我从不知道一个人会老，在你心里，他似乎永远是那么生龙活虎，永远可以为你挡风避雨，永远可以在这个世界上厮杀到最后一秒，直到有一天，他头顶上有一缕缕白发，你才知道，他也会老。

昨天，我妈妈打电话过来说："你爸爸脑血栓，颈椎神经压迫，意志突然失控，倒地不起，口吐白沫。"

我赶忙问："现在怎么样了？"

妈妈说："现在抢救后好多了，人也能站起来了。"

我问："那你之前怎么不打电话给我？"

妈妈说："你爸爸不让打，你们都忙，害怕打扰你们。本来是要给你妹妹打的，她住得离我们近些，可你爸爸死活按着电话不让打。"

那一刻，我突然有些哽咽，万一父亲有什么事，我这辈子怎心安。

（二）

父亲在儿女心中就是一个勇士，为了一个家，穿上铠甲，披荆斩棘，给你腾出空间，让你不食人间烟火，让你像模像样地活着。

脱下铠甲后，有一天他就会变成一个小老头子。他也害怕过这个世界和这个世界上的人和事，但他展现给你的永远是刚强。因为这个世界不能软弱一刻，否则它会露着獠牙来撕咬你。

直到有一天，你有儿有女，你也得披上铠甲和父亲一样站在生活的风口浪尖，你才知道，父亲这个职业，若要干得有声有色，是多么辛酸，多么不易。

我记得当年爸爸为了争得公司指标，和当地的人干了起来，可强龙不压地头蛇，好几个人想用铁锹阻止一个外地人在本地的粗野梦想。

爸爸一个人干了五个人，当然，没有干过，血流满身，被送进了医院。

记得当时他被救过来时说了一句话："我要这个指标，那是我的梦想，我要带着我的妻儿老小在这座城市立足。我不能倒下。"

顿时，妈妈、妹妹跟我，趴在父亲的病床上，失声痛哭。

后来，在他没有拆线好利索的情况下，他就出院了，他要在这座城市立足，要拿下那个唯一的经理指标。

在用生命做斗争的情况下，这个世界给他让路了。

从小他就让我们姊妹懂得：这个世界上，所有的阿谀和奉承，所有的威武和仰望，所有的笑脸和尊重，都会指向一个地方，那就是你必须是个强者。

（三）

父亲把自己包裹得那么强，就是为了让你有两个选择：你可以强，也可以不强，你弱的时候，有他在。

我失恋的时候，痛恨过父亲的基因，为什么全是胖基因，如果可以瘦点儿，颜值高点儿，我至于总是不明不白地处在被伤害的位置上，脓包不止吗？

我深爱过一个男人，可以为了他，抛弃父亲、抛弃母亲、抛弃妹妹，抛弃所有亲人，只要他答应跟我私奔。可最后，他抛弃了我，只有父亲收留了我。他不计前嫌，一如既往地温暖着我，给我安慰，甚至用一碗一碗的心灵鸡汤给我补智商。

我要像陈赫一样问问全天下的人，有谁能这样不离不弃，不嫌弃你鼻涕眼泪一大把擦在他身上，还给你熬鸡汤？除了他，任何一个男人，只要看到你的一粒眼屎，都会给你打零分，并存了迟早有一天要找一个没有眼屎的女人伺机夺你的位的心思。

李敖当年抛弃胡因梦，就是活生生地嫌弃她拉屎拉得满脸通红，而最终抛弃了她。

可父亲不会，他始终是世界上唯一爱你的人。

（四）

可愚蠢的人从来都是那么多，他们都是把笑脸给了别人，把暴脾气给了家人。

父亲：在外面要小心，开车要小心哪，穿衣服要穿厚点儿，别跟别人打架斗殴，放假了就早点儿回来，你妈妈给你熬了你最爱喝的八宝粥。

你：哎呀，你有完没完哪……

在外面：陈总啊，赵总啊，李总啊，我给你沏茶，上等的普洱，暖心暖胃，还减油脂。逢年过节要给这些"总"送吃的，送喝的，送问候，送关心，别人还理都不理会。

可一切生活粗粝的未来，哪里抵得过一次家人的团聚以及和家人在一起的幸福。

如果养育儿女就是为了不必追，已为父母的你们，是不是觉得这就是一柄杀人不见血的刀子，已然割伤了你。

养育儿女就是为了陪伴，陪伴就是最长情的爱。

从小，好多人就告诉我们如何冲刺一百米、如何拿下数学冠军，我们却不知道如何去做一个孝子。

（五）

当父母老了，你会发现，他们说话越来越战战兢兢、如履薄冰，他们的大嗓门儿在你面前也有所收敛。

甚至一言不合，你就会离开，不知道你下一次回家在什么时候，所以父母会小心翼翼地按照你的心思去说话。

记得父亲前段时间跟我说："父亲老了，不能保护你一辈子了，你要保护你自己。不要好吃懒做，要掌握一门技术养活自己。不能靠男人,就算他是你老公,也不能靠,全天下的男人都靠不住,除了父亲。"

我不耐烦地说道:"你烦不烦,你能靠,那你给我个千儿八百亿存款我看看。"

母亲也是,总是在一旁唠叨:"这么大了,就知道吃完饭玩手机,不收拾,不洗碗。手机上有什么我就不知道,一整天都在看。"

我就会不耐烦地说:"烦不烦,玩手机怎么了?你会玩你也玩哪。"

我们把跟父母的交流变成了直来直去,把跟父母在一起的时间变成了玩手机。

直到母亲的这通电话,我才知道,这些年我为父母做的太少太少。甚至有时候,他们不能再像小时候一样随心所欲地管教你,而是在管教你之前还得像个外人一样挑挑拣拣说好听的。

其实,你最知道,别人的甜言蜜语后面都是坑,只有父亲的耿直忠言是你的垫脚石。

他们像油灯一样燃尽了自己,照亮了你。

(六)

黄磊说过:"我要做灯,照亮多多的未来。"

可见一个父亲为了女儿是多么心甘情愿地熬干自己。

他们是你行走深渊的栏杆扶手,他们是你行走世界的明灯。这些年,你敢于往前走,是因为你知道身后永远有盏灯,有一双眼睛。

没有情商请谨慎出门

（一）

八达岭野生动物园老虎咬人这件事沸沸扬扬说了好多天，本不想写，一来人家那一死一伤，咱这里起个这标题，有失道德水准。好多人都说，就此事发表一下"毒舌"的看法。既然写，咱就就事论事，不存在任何落井下石之说。一来，人在八达岭，咱这块"石头"也落不到人家头上，只希望这块"石头"能警醒后人，砸醒后人，以此为戒。

不过看到此事，真的觉得有教育意义。

从视频中可以看出女子走到车子驾驶座这边，想跟老公换位置。此刻骂傻×，她已经戴不上这顶帽子了，因为，老虎已经不给她这个机会了。最伤心欲绝的是，因为她的情绪失控，导致去救她的母亲落入老虎口中，不治而亡。

此事告诉我们：在野生动物园，不要跟爱人发生争吵，他说什么就是什么，等回来再好好收拾他。

有一期《金星秀》采访作家六六，六六在节目里大赞马伊琍，说："马伊琍真是一个情商智商双升的女人，在文章出轨后，能心平气和地在媒体前把此事解决得如此漂亮，此女人不简单哪。当初《蜗居》里的小贝，也是马伊琍来跟我说要让文章演，看在马伊琍的分儿上，我让文章演了。马伊琍真的是一个大气的女人，佩服。"

人常说："能把委屈吞下的女人，你的格局会一天比一天大。"

你想啊，出轨的事情，马伊琍都能解决得这么漂亮，如果此刻是马伊琍坐在副驾驶座位上与文章发生了口角，她定不会摔门下车，在野生动物园一决雌雄。

所以，网友这几天都说了："此事告诉人们，找女人，定不能找情商低的，害人害己。"

情绪就是一把双刃剑：耍不好，它就是一把自刎的好兵器；要得好，它就会让你所向披靡。

林志玲在娱乐圈也是一个情商智商一等一的女人，被陈冠希莫名地骂，她回应："每一天，我都希望好好地做自己，选择快乐。快乐不是一种性格，而是一种能力。笑看风云淡，坐看云起时，不争就是慈悲，不辩就是智慧，不闻就是清净，不看就是自在，原谅就是解脱，知足就是放下。这样的自己，才能持续散发正能量，给予我，也给予大家。"

网友高呼：真是"三高"人群，见过世面的女人就是不一样，我们一直挺你。

等一下，先去哭会儿，这么有颜值，还这么高情商，让不让俺等人活了。

（二）

生活中，我们常常会羡慕别人，为什么别人就会赚钱，同样做生意，一个赔了，一个赚了。

也许没有人会告诉你一个玄机，那就是你情商低。不过大多数人不知道自己为人处世上的一些瑕疵，就是应验了那句话："不识庐山真面目，只缘身在此山中。"

我朋友的母亲是一位很会做生意的人，赚得是盆满钵满，但我的朋友就没有继承他母亲的基因，也许他是捡来的也未可知。

那天已经很晚了，有一桌客人已经吃了三个小时，可是还不结束。这时，朋友走过去对他们说："大家好，对不起，我们饭店要关门了，请你们快一点儿好吗？"

听了他的话，客人很不满意，说道："以后再也不来吃饭了。"尽管朋友一再解释，也没有挽留住客人。

事后，他妈妈就对他说："孩子，同样的意思可以换个说法呀，效果就不一样了。你可以说：'大家好，我家的师傅马上下班了，请问各位还需要点什么？'"

第二天，又来一桌这样的客人，他按照妈妈的意思说，果然那些客人很客气地离开了，并没有一点儿生气的样子，还说以后会来的。

（三）

咱先不论情商会不会提升一个女人的魅力，就八达岭事件中那个女人来说，她的情商，真的让老虎都闻出来，此人可吃。

我曾经在文章里提到过我的一个女性朋友，她就是那种识大体的女人。她老公是那种路盲，还要自驾游，常常是开着车子就不知道开到哪里去了。

一天的行程，非要安排成两天，我朋友就会说："本来计划放松一天的，你看看，老公非让我放松两天，多好的老公。"

在婚姻生活里，他们很少发生口角。老夫老妻了，常常出来都是勾肩搭背，让别人以为是一对"奸夫淫妇"。

这个朋友开了一个卖女婴产品的店，现在这生意都不好做的时候，她的生意还蒸蒸日上。

没有办不成的事，只有办不成事的人。

（四）

一个最牛 × 的女人，就是糟糕的生活，也能过出花来。

李宇春就是个例子，无数人都在《超级女声》之后销声匿迹，她却成了巨星，这与情商有着千丝万缕的联系。

有一次，李宇春在北京举行歌友会，演唱过程中，一位"玉米"

上台献了束花，旁边的助理一看，那么一大束花，还要唱歌很不方便，打算跑过去把花拿走，不料李宇春微微侧身，示意不用帮忙。歌友会结束后，多家媒体对她进行了采访，一位不怀好意的记者问道："为什么不让助理帮着拿花，是在故意讨好'玉米'吗？"

李宇春微微一笑："这其实很简单，主要是因为我拿得动，又何必去麻烦别人？"

（五）

坦率地说，成功的人，他们要面对更多"鸟人"和"不堪"，需要付出常人难以想象的艰辛和跋涉，其中大多数是人情的跋涉。后来，我们从他们的脸上，看到的大多是坦然和平和。为什么有的人脸上有了戾气，有的人多了平和？

这就是境界，他们会选择善良、优雅、坦然，甚至幽默地面对。情商是你的精神长相，懂好好说话，能让你长得更好看，更能让别人赏心悦目。

情商低，不光影响你一个人的生活，最关键的是，甚至会影响你周围最亲的人。

生活呀，越往后走，越会发现荆棘丛生，但我们就是要在荆棘中笑起来，这就是最大的本事。

爱你，为你预备一切

（一）

我曾经跟一个男人表白，说我要在他身上钻木取火，给我此生温暖。男人笑笑："你就算钻死我，也得不到温暖。"你看，多毒的拒绝。

谁没有飞蛾扑火的时候？作为一只灰色的蛾子，火永远会烧死你，只有成为铁蛾的时候，顶多烧个躯壳。

人这一生啊，其实都在为爱人打造一双铁甲，让爱你的人，看起来美观。爱你的人，永远不会爱上你的软肋。你说自己脚臭，你爱人会说"真的吗，我喜欢"吗？你说自己洗衣做饭不会，琴棋书画嫌累，你爱人会说"正好我也喜欢"吗？你说自己狐臭，你爱人会喜出望外吗？

所以，真爱从来都是前戏足足。激情才会让你立马入戏，不用备戏。

我曾经喜欢的那个男人，饱读诗书，满腹经纶，让我觉得自己在人家眼前就是个屁，憋着难受，放了臭。

人家跟我讲一首诗："空山新雨后，天气晚来秋。明月松间照，清泉石上流。"我只会说："嗯嗯，好美。"

人家讲："新筑场泥镜面平，家家打稻趁霜晴。笑歌声里轻雷动，一夜连枷响到明。"我说："嗯嗯，好高兴啊。"

人家讲："绿遍山原白满川，子规声里雨如烟。乡村四月闲人少，才了蚕桑又插田。"我说："乡村人好累呀。"

以前，我还是人家肚子里的一个屁，后来人家干脆把我放了。

寒窗十年苦读，我拿下了现代文学，拿下了古代文学，拿下了近代文学。后来，当然那男人结婚了，新娘不是我。

不知道别的女人寒窗苦读是为了什么。现在回想，余秋雨的《文化苦旅》《山居笔记》，我当时是生吞的，把它们看作一个个美男的屁股，才得以消化的。

男人读书，书中就有颜如玉，女人读书，书中为什么不能有宋仲基？

比如，我当时看莫泊桑的《一生》，是看霞娜的男人如何勾搭女仆，又勾搭外面的有夫之妇，还勾搭邻居的女人，勾搭得如火如荼。看《俊友》，是看杜洛阿如何勾搭上流社会的女人，继而实现自己的人生理想。牛 × 闪闪哪，简直是勾搭界的大腕。

（二）

爱一个人，就是一个下血本的过程。

有一个姑娘爱上了一个有妇之夫，那个男人谈吐优雅，身材挺拔，说话风趣，姑娘爱得死去活来。在五年里，她每天下了班要去健身房，每天吃得很少，晚上几乎不吃饭。

在没有倚天剑、没有屠龙刀的世道里，她用单薄的身子爱着那个已婚男，爱得很可怜，爱得很憔悴。

也许午夜里，你可以和好多男人去开房。但只有你心里知道，你可以为了某个人，去减肥、节食，甚至改变你的说话习惯和处世习惯。

你原先大大咧咧，可后来你开始装了，小鸟依人，抿嘴一笑百媚生。那是你心底住下了一个男人，拔也拔不掉的男人。

夏天的夜市里，几个人在路边摊位喝个啤酒，姑娘就会开玩笑："你们快看，今晚的月亮跟我都是 D 罩杯耶。"

但是一有那已婚男加入，姑娘就托腮状："无言独上西楼，月如沟（钩）。"画风全变。

原来不爱看潮男杂志，现在手里每天都是潮流穿着杂志；以前从来不爱穿低胸衣，现在没有一件到达胸以上的衣裳；以前半傻半狂，现在稳重得很。

有时候，有已婚男在场，我们几个会喊："下了班去蹦迪吧。"人家姑娘说："哎呀，人家有个会计证还没有考，晚上要学习。"我们有时候会喊："星期天逛街吧。"人家姑娘说："哪里有时间哪，人家要健身哪。"

其实在所有的会计资格证里，她只看得懂一个字，就是——钱。

现在在我们面前，她居然每天问："会计电算化的目标是实现会计工作的现代化，不包括什么？"然后，ABCD，让我们选择。

"通用会计软件，是指什么？"

我们会开玩笑，通用软件是宋仲基，因为他是国民老公。人家会哎呀一声，然后跳着走开，去啃"会计学"，因为那已婚男是会计专业毕业。

如果男人是考古专家，姑娘现在会不会去掘坟？想想，真爱很可怕。

（三）

当年，看《一个陌生女人的来信》：一个女人在生命最美绽放的十八年里，去守候一份仅仅她所珍惜的爱情。看着深爱的人周旋在香肩软腰里，一次邂逅，一次遗忘；再次邂逅，再次遗忘，心是怎样地痛？

只因在一个潮湿的租来的房子里，看到男主角是一个爱书如命的男人，她便爱上了他。看着他跟别的女人做爱、戏耍，看着他数次搬家，自己也爱上了搬家。

他喜欢妖艳的女人，她就变得妖艳。她只爱一个人，一个将她遗忘得那样彻底的人。她可以放弃自尊，放弃一切去爱他，不在乎自己会不会让他觉得低贱。又是一次离别，同样的房间，同样的话语：

"我一回来就去找你。"她灼灼地看着他,希望他可以回忆起她曾经的幸福,但是他没有,终没有记起这个女人。她知道,这又是一次永远不会实现的承诺。

她这样失落地穿戴着,即将离开那间承载着她一生的梦的房间时,在镜子里看到他往她的暖手套里塞钞票时,她体会着心如刀割的感觉。在他眼中,她只是个风尘女子,是的,没有自尊的风尘女子。那一刻,她绝望了吧?疼到颤抖吧……

爱他,为他变成妓女;爱他,为他去读书,为他去妖艳,为他去搬家,为他去妩媚,甚至当他手掌中众多玩偶中的一个。真爱,就是这样义无反顾。

(四)

爱,是深刻的,是失去自我的,激情则是短暂的、片刻的欢愉。

有一个女人问我,每次男人跟她上床都没有前戏,直接进入,到底是不是爱她,或者只是为了上床而上床,只是为了爽。

我说,如果爱你,就算是演戏,他也会配合地把前戏演完的。再说,如果对你真的爱得死去活来,他会一晚上都前戏,最后才想到爽。

爱你,会考虑你的体位;爱你,会珍惜你的身体;爱你,会感受你的快意。

我曾在一个男人的手机里看到他收集的十八禁图片和春宫图,还有各种前戏的知识。他说这些都是给他的初恋准备的。

男人一生中哪个女人最重要?当然是初恋。所以有句话:"你虐我千百遍，我待你如初恋。"

（五）

在《亲爱的翻译官》里，女主角会为了男主角去考翻译学院，一年不行，两年，两年不行，三年。总之，就是要考翻译学院，开足了马力学了六年的翻译，终于进了翻译学院。

就此完了吗？没有，因为男人是男神级别呀，跟男神一个级别，你要做的是：别人还没有上班，你就每天早到半个小时；闺蜜要去逛街，要去染指甲，你就得每天学习、学习、学习。

每天下班，要走楼梯，背法语；挤公交，要背法语。因为男神轻而易举就拿下的法语，你得学好多年。所以就如男神对女主角说的："你这样的，只能将勤补拙。"

在爱上男神之前，你的前戏工作就是要脸皮厚。男神有爱情难题，你得第一时间帮助男神料理，不能露了自己爱男神的马脚。假装不爱，假装去帮男神搞定他心目中的女神。

爱男神之前，你得把自己打造成金刚，男神骂你，你得接得住，就如女主角，男神骂了一万零八次"你滚"，女主角都说："滚不滚，你说了不算。"

接了个瓷器活儿，你就得有金刚钻。

（六）

爱一个人，总是有备而去，不只是准备了身子。不爱，就只有身子，你爱要不要，我就只有这个。

一个男人只有下身，就趁早远离他，爱你，会为你挡风避雨，准备房子，那是爱的血本。

爱一个人是滴血的疼痛，他宁愿自己受苦，也不要你受苦，因为爱你，就是他的生命。

有的女人说，我爱上了一个已婚男，不知道他爱不爱我。很简单哪，他愿意为你离婚吗？有的姑娘说，我爱上了一个男孩子，不知道他爱不爱我。很简单哪，他愿意为你买婚房吗？

都说爱不要这么物质化，可老子当年爱一个男人的时候，居然生啃了十年"物质进化论"。所以，没有什么事情是做不到的，只是爱的筹码小了点儿。他不给你买这买那，是因为你的筹码小，他的量化就小。

爱一个人，真的愿意为她承包整个鱼塘。那点儿前戏算什么？

前任，毫无感觉

（一）

倒追男人，我们分为几个阶段。第一，搭讪阶段；第二，认识阶段；第三，约会阶段；第四，情侣阶段。

比如，男人上厕所，你也上厕所，你就说："啊哈哈，好巧哇，你也亲自上厕所呀，我也是亲自上厕所的。"

中午在食堂遇到男人，你就说："啊，好巧哇，我也是早上吃早餐、中午吃午餐、晚上吃晚餐。你也是呀，咱们的生物钟可真一样啊。"

比如下班了，男人要回家，人家住在88街32巷28层楼，你就说："啊，好巧哇，我二表姑的弟媳妇的侄儿的闺女也住在那里，一起走吧。"

认识阶段，就更好办了，各种孔雀开屏，把自己夸大。就说自己是资深痔疮专家，治好了各种不孕不育；说自己是资深教育专家，治好了各种孩子的调皮症状。

约会阶段，就可以胆大地搔首弄姿了。不穿内衣，露出乳晕，不穿内裤，露出屁沟，各种黄段子把他整蒙。比如，有一对夫妻因贫困一天没有吃饭，晚上老婆提出做三次爱算三餐，丈夫同意。第二天，丈夫感觉头晕目眩，走路扶墙，便自语："乖乖，不光能当饭吃，还能当酒喝呀！"

再比如，两颗玉米粒结婚了，第二天早上，男玉米粒醒来发现身边躺着爆米花，他奇怪地问："我媳妇呢？"爆米花害羞地说："一炮把人家崩开了，就不认识人家了。"

（二）

最近，暑期在看《红楼梦》，我第二百四十九次问了老公："男人喜欢林黛玉，还是薛宝钗？"老公说："我第二百五十次回答你，薛宝钗。"

我们看贾宝玉的现任薛宝钗，出身名门皇商世家，书中交代是内府帑银行商，专门负责为宫廷供应日常生活用品。这官爵来头可不小，完全可以与史、王家族并肩的。

这位雍容华贵的深闺小姐虽从小丧父，却深贴母怀，谙于经商，为其母分忧解劳。从小接触了商界的她，见惯了商界来往上的尔虞我诈，逐渐在商界中破茧成蝶，学会运筹策划、工于心计的处世之法。

她哥哥薛蟠这家伙去虎丘山"狩猎"带回了不少古玩奇珍，她按样挨户送到，即便是身份处于屈辱地位的赵姨娘也被视为奉送对象，她丝毫没有轻蔑之意。不想此举却深得毒妇的好评，毒妇甚至以此为荣，并在王夫人面前称赞以博王夫人之欢心，说得不伦不类的，反碰了一鼻子灰，自找无趣。

宝钗体谅史湘云难处，替她接了螃蟹宴的花费。林妹妹从小体弱多病，为人尖酸刻薄，面对林妹妹的多次言语中伤，她依然能安之若素，听若不闻。螃蟹宴说酒令时，林妹妹心直口快，说出了戏曲《西厢记》《牡丹亭》中的句子，薛宝钗看在眼里，记在心上，事后和林黛玉细说缘由，林妹妹心服口服。

夜深人静之时，她会陪林黛玉谈心，给予关爱，替她分担内心压力，深夜送药。林妹妹心存感激，从而化解了二人在宝玉婚事上的猜忌。

她过生日完全不像为自己而过，却全心体贴贾母老人家，专点那些贾母爱吃的食物以及喜欢的戏曲诸如《姜子牙》《孙悟空》，此外还给贾宝玉讲解戏曲，随口说出了一支《寄生草》，让宝玉茅塞顿开。

她饱读诗书，颇具才情，谙于人情世故，作为一个深闺少女，她并没有像其他女子一样，只停留在脂粉饰物、针黹穿线等事务上，而是大有抱负，待时而飞。在她的人生字典里没有"消极""悲观"等词，她拒绝沉沦，即便是飘落的柳絮也要凭风而起，接履青云。

她的诗宣告了一种豁达的生活态度，人生中总会有挫折，总免不了有哀愁、感伤，但这些在宝钗眼里，如同浮云过眼，一瞬即逝，病树前头依旧迎春。

从她的诗"谁怜我为黄花瘦，慰语重阳会有期"，便可窥见此女子哀愁中依旧稽首渴望窥见光明的乐观态度。她的《柳絮词》所舒展的抱负更是令吾辈汗颜，一句"好风凭借力，送我上青云"不禁翻了黛玉的案，此句一出，天下无词。

对于男人来说，薛宝钗做得最到位的莫过于在贾宝玉公然思念林黛玉的时候，不仅不抱怨，反倒写诗安慰贾宝玉。

这样的女子，交际一流，琴棋书画一流，为人处世一流，还允许贾宝玉精神出轨，贾宝玉最后做了和尚，只能说脑袋大量进水。

（三）

比如周瑞家的送宫花一节，本来周瑞家的只是抄便道走，未分高低贵贱，偏偏赶巧最后送到了黛玉这里，这便引起了这位林姑娘的警觉："是单送我一人的，还是别的姑娘们都有呢？"待周瑞家的回答："各位都有了，这两枝是姑娘的了。"黛玉立即硬邦邦地给周瑞家的来了这么一句："我就知道，别人不挑剩下的也不给我。"

将心比心，如果我们是周瑞家的，听到这话，也会很不受用，但黛玉可不管这么多。由于自卑心作祟，她本能地觉得周瑞家的骨子里就瞧不起她这个出身地方官宦之家的普通小姐。甚至周瑞家的此举，就是间接表明高高在上的贾府对自己寄人篱下身份的一种轻贱态度。这样一来，黛玉还真是越想越生气，越想心里越憋屈。

三样东西毁掉一个女人：傲气、怒气、小气。

　　自卑的人往往开不起玩笑。当史湘云开玩笑似的说唱小旦的戏子有点儿像她的时候，林姑娘的小心眼儿就变得更加不可理喻。不过，起初她碍于有贾母等长辈在场，不好当面发作，但回到住处，终于把心中的愤怒像发射连珠炮似的向宝玉倾泄："我原是给你们取笑儿的，——拿我比戏子，给众人取笑儿？""你为什么又和云儿使眼色？你安的什么心？莫不是他和我顽，他就自轻自贱了？他原是公侯的小姐，我原是平民的丫头，她和我顽，设若我回了口，岂不他自惹人轻贱呢。是这主意不是？这却也是你的好心，只是那个偏又不领你的这个好情，一般也恼了。你又拿我作情，倒说我小性儿，行动肯恼，你又怕他得罪了我，我恼他，与你何干？他得罪了我，又与你何干？"

　　这就叫说者无心，听者有意，史湘云明明只是说她的长相有些像戏子，并无他意，而小心眼儿的林姑娘却牵扯出一番人格优劣与门第等级之类的大道理。

　　最著名的就是黛玉葬花，边葬，边念葬词，比死了人还要隆重。园子里那么多花，葬到什么时候？经常有花凋零，是不是天天都得吟《葬花吟》，天天都得落泪？因为她长得好看，大家才原谅了她。丑女去葬花，我们都会说："有病吧。"

　　还有一次，外面人说："林姑娘来了。"话犹未了，林黛玉已摇摇地走了进来，一见了宝玉，便笑道："哎哟，我来得不巧了！"宝玉等忙起身笑着让座，宝钗因笑道："这话怎么说？"黛玉笑道："早知他来，我就不来了。"宝钗道："我更不解这意。"黛玉笑道：

"要来一群都来，要不来一个也不来，今儿他来了，明儿我再来，如此间错开了来着，岂不天天有人来了？也不至于太冷落，也不至于太热闹了。姐姐如何反不解这意思？"

这明摆着是吃宝钗的醋，话里话外都是挤对。宝钗只是笑笑。后来，袭人就给王夫人出主意，叫贾宝玉娶了薛宝钗，以后共处一室好相处。性格决定命运哪，只能说林黛玉太漂亮，所以后人也不敢说三道四，你漂亮，你任性，你有理。

我们看"红楼"的命运都是悲惨的，林黛玉死于小心眼儿，秦可卿死于跟公公玩暧昧，王熙凤死于心斗，尤三姐死于偷情。总之，死相都很难看。唯独薛宝钗没有死，最后当家全靠薛宝钗，她生有一子，儿子把破落的贾府又来了个起死回生。多牛的一个女人。

好婚姻，会让女人尖叫

（一）

在《太太万岁》里，叶舒心和赵坦之间，就是在无尽的谁主内、谁主外的矛盾里纠葛。

也许不否认的是，现代好多女人愿意在家里待着，如叶舒心的闺密兰姗，就是一个贤妻良母的形象。那也没有什么不好，只是性格使然。

赵坦让叶舒心回归家庭，照顾孩子、老人、老公，叶舒心就问："为什么每次婚姻里做出牺牲时，都是我？"

赵坦说："你就该回归家庭，在家里舒舒服服多好。"

叶舒心说："此之蜜糖，彼之砒霜，我不想回归家庭。"

叶舒心的母亲就一直支持女儿一定要把事业放在首位，并坚持，事业才是女人一生的支柱。

一种时尚的教育观受到年轻人的追捧，她与赵坦父亲传统的思维观念发生着各种冲突。

在新旧观念交替之间，总是要磨破一层皮，才能生出新枝丫。

《太太万岁》一上演就这么火热，是因为它正好切中了当下的热点，即女性在职场和家庭之间百般无奈的选择。

赵坦是一个典型的大男子主义的男人，一心觉得女人就该在事业和家庭之间，放弃自己的事业。

（二）

我很少在文章中提到我父母的婚姻，今天说说，因为看了《太太万岁》十分有感触。

我父亲是一个很有事业心的男人，在 20 世纪 60 年代，算是一个知识分子。因为他的出身是地主老财家庭，爷爷自小就买了四大名著放在书柜里，让子女从小就受了一些文化熏陶。父亲在家中排行老小，还有一个大哥、两个姐姐。从小因为一本书，几个孩子争得头破血流。因为他要看《水浒传》，他的大哥也要看，双方势不两立，常常会因此而打架。

所以父亲有主见，有思想，有野心。

在找媳妇这件事上，在那个年代里，都认为老婆孩子热炕头就OK（好）得不行了，可他想找一个长得漂亮、有主见、有思想、有事业心的。

这在当年是滑天下之大稽。当时跟他一个年龄段的男人都认为，媳妇就是用来暖被窝，甚至下地用的。

他说："全天下的女人都去暖被窝、下地，有什么可稀罕的，我偏偏要找一个不同的女人。"

他这狠话放出去之后，有媒婆就上门了（当然之前提亲的就络绎不绝），说在隔壁村，有个相当泼辣的小女子，家里很穷，但是长得那叫一个漂亮，只是被称为本村的"毒舌女"。因为父亲死得早，所以是她一个人打小支撑起全家，彪悍、泼辣、有看头，但一般男人看了都会摇头：这媳妇咱驾驭不了。

所以，父亲常说："一个女人彪悍，不是缺点，只是有的男人不敢驾驭，他们都想找一个听话的、乖巧的，本本分分生个娃，种个地，安安分分一辈子。但我觉得，人来世上走一遭，就该做点儿刺激的事情。"

于是，他上门去提亲了。父亲跟我回忆说："第一次还未进门介绍自己，你妈妈就跟我说：'我家里穷，唯一的财产就是这个。'于是你妈妈拿出一面镜子递给我，让我回去多照照。

"那面镜子就成了我的定情物，把它揣在兜里，日思夜想。我心想啊，你妈妈真的像别人说的那样，性格泼辣，语言犀利，用你们年轻人的话说就是：是我的菜。

"她家里穷，第二次我就拿了米面上门，心想着，先从物质上让她缴械，其次从精神上来个圆满大收尾。

"你姥姥一见白面、白米，那叫一个高兴啊，当时就留了我吃饭。

"吃饭的时候，我就赶紧告诉我的丈母娘：'以后哇，这白米、白面源源不断，只要你肯把闺女嫁给我。'

"当时你姥姥心花怒放地看着我：'早就听说你家里有钱，你怎么不早来呀，我这闺女就是为你预留的，啥时候来提人都现成的。'"

我妈妈那脾气，当时就不干了，筷子一摔，头一扭，出门了，还留了一句："给你的镜子，你想必回去没有用。"

我爸爸说："我用了，所以才来了。"

意思就是，用了觉得配得上你，才来了。

（三）

可我妈妈不愿意结这门亲，她漂亮哇，当年有一个当兵的，用现在的话说，那简直酷毙了、帅呆了。

两人郎有情，妾有意，偏偏中间杀出了我爸爸这个程咬金。

我爸爸就使劲给我姥姥送白面、白米，我爸爸还是个木匠，能自己做一些衣柜、橱柜之类的。他回去之后，就夜以继日地做橱柜、衣柜，做好之后，给我妈妈送去。

当时，我姥姥就想让他们生米赶紧煮成熟饭，因为那些衣柜啊白米啊白面啊，对我姥姥是个巨大的诱惑。一个人拉扯着六个孩子，她只能把脱离水深火热的生活的希望寄托在母亲身上。

这笔买卖直击我姥姥的要害，我爸爸下手可谓狠、准、稳。

当然，因为一年源源不断的物质供应，我妈妈家成了地主老财，我爸爸家成了贫下中农。我妈妈最终妥协了。

在这三十年里，我爸爸跟我妈妈一直同舟共济，一起打拼。也许我妈妈不算优秀，但她三十年来从来不喊苦、不喊累，而且由于性格泼辣，喜欢社交，十分幽默，走到哪里都非常受欢迎。她的段子级别也相当高，段子简单粗暴，我的文章里经常采用她的段子。

我妈妈前几天跟我回忆："也许当年嫁给那个当兵的，我不会有现在的好生活。因为那个当兵的虽然帅，但他希望找一个能生孩子、顾家、随时为男人做出牺牲的贤妻良母。很可惜的是，我不是。每天晚上，我都在看《太太万岁》，就像叶舒心说的：此之蜜糖，彼之砒霜。"

是的，这些年，由于我母亲做生意，我小时候常常没有人照顾，我爸爸从来不会说："你牺牲掉吧，回家照顾女儿。"他只会说："咱们请保姆。你的亮点在事业上，那也是我欣赏你的地方。"

前两天，我爸跟我说："女儿啊，你看叶舒心的母亲多会教育，告诉女儿永远不要成为婚姻的附属品，一旦你牺牲了，就真的牺牲了。

"一个足够优秀的男人，就不该让一个足够优秀的女人回归家庭。她的美，不在家庭，在事业。

"因为当年我欣赏你母亲这一点，所以，我历经万难，把你母亲娶了回来，因为她值，现在她都与芸芸众生中的女人不一样。一个男人如果不能承认你的女人比你强，甚至都不愿意为她比你强而竖起拇指，他的胸怀得有多狭隘呀。"

一个孩子优秀不优秀，不在于他的母亲有没有回归家庭，因为他的父母就是榜样，就是最好的镜子。

（四）

我深深为父亲的一番话所折服。

好多读者都说，我写情感文真的是太牛了。

那是因为我在情感上有波折，一路平顺的人，注定是平庸的。

我上学的时候读过很多书，那时候也没有人敢说，我是一个没有灵魂的人，可我就是不招男人喜欢。因为我没有主见，没有野心，没有事业心，没有追求。

我觉得一个女人就该是个提线木偶，为家庭，甚至为孩子随时做出牺牲，而让男人在这个世界上浴血奋战，甚至我最大的理想就是成为男人的附属品。

可经过实战我发现，男人虽然嘴上说喜欢你贤妻良母、不修边幅的样子，可他们内心爱的永远是独立有主见的女人，尽管他们会纠结、会痛苦，但他们爱着。

我当年的一个朋友，她喜欢制作旗袍，甚至在上学的时候就显山露水了，她制作旗袍的天赋归功于她的母亲，是耳濡目染的结果。

她的旗袍甚至在学校的展览会上拿过奖。毕业后，她唯一的理想就是开个旗袍店，给每年毕业的高中生、初中生母亲做旗袍，因为那个时候穿旗袍会旗开得胜。甚至有的家长还特意找上门要她做旗袍，说穿上她的旗袍，整条街的人都能闻到古典的美。

可她老公的生意越做越大，家里需要她，孩子也需要她。她老公甚至用命令的口吻跟她说："你一个旗袍店，能干个什么呀？我一笔单子就够一家人生活了，关了，关了，回家带孩子。"

那年，她关了旗袍店的生意，回家了。

上次同学聚会见到她，她明显老了，远远看去，像个驼背的小老太婆，在我眼前晕染开来，像个古老的圆点，渐渐模糊。

其间，她端着酒杯过来跟我敬酒，说："真的很羡慕你们，发现你们变化真的太大了。"

我说："你也可以重新开个旗袍店，现在孩子也大了。"

她说："已经没有心气了。"接着，她落寞地喝了一杯又一杯。

在结束离开的时候，我都能看到她目送我的眼神里的落寞和无奈。这个世界上，大抵好多东西都是无法改变的，曾经小小的理想，曾经远足的渴望，曾经宏伟的觊觎，如今都变成了落日余晖的一抹黑点。

另外一个同学也是，当年她对油画非常狂热，整个宿舍都被染得乱七八糟的，一进去就一股怪怪的味道。她被同宿舍的同学撵了出去，自己租房子都要每天画油画，用她的话说就是：她宁可孤独一生，都要追求她的油画事业。

于是，我成了她的第一个人体模特，可能我这个人看上去比较有脱衣气质。在她的笔下,她甚至能把我这样一个干瘪的女人在画上赋予了胸,赋予了臀,赋予了 S 形身材,甚至还有有想法的眸子。当时我看着她的油画都傻眼了,激动地握着她的手道:"你就是为油画而生的,无论你将来结婚、生娃,还是工作,都不要忘记你的油画事业。"

她拼命向我保证,她不会丢弃她的油画事业。

可聚会整整两个小时,她提到的都是她婆婆上厕所,扯的纸巾比上吊白绫都长;她婆婆挤牙膏总是拦腰挤,一点儿都不环保;她婆婆把狗舔过的鸡蛋喂给孩子;她老公不维护她,向着她婆婆。

甚至在我开车走人的时候,她都让我摇下玻璃窗,趴在跟前跟我说:"这次时间短,下次跟我好好叙叙家务。"

看不到一点儿油画的气质,满身油烟的气质。

(五)

一个男人的优秀,不是他有多优秀,他在这个世界上多么叱咤风云,而是他带着他的老婆一起在这个世界浴血奋战,让她不落伍、不寂寞,深深地欣赏她,默默地支持她,暗暗地帮助她。

而不是到需要牺牲贡献的时候,想到的裙带关系就是——老婆。

老婆为什么愿意为你牺牲,因为她爱你。你为什么手上仅供牺牲的牌,就是老婆,因为你不够爱她。你嘴上说爱她,其实爱的人最终是你自己。如果爱她,为什么不尊重她,从她的角度出发,想想她这辈子究竟想要什么样的人生?

我在《离婚后,见男人人品》一文里写道:"英达就是这样的男人,他甚至无法接受宋丹丹比他强大的事实,他打击她、笑话她,让她回归家庭。说白了,这样的男人就是好面子,为一张面子牺牲老婆的男人,压根儿就不是好男人。因为在'面子'与'老婆'的天平上,他已经完全在世俗的眼神里倾向了虚无缥缈的'面子'二字。"

以前看过一部韩剧,里面的男主角就是"炫妻狂魔",走到哪里都不怕说自己的老婆比自己优秀,他还常说,这就是我的老婆,能干吧,有文化吧,有野心吧,比我强多了,怎么样,你们羡慕吧。他还常说,不要成为家畜,要成为野生的,野生的才有生命力和自由。

对于大多数男人来说,喜欢家养动物,因为好养活。对于有挑战性、有野心的男人来说,他们喜欢冒险。

一个真正的好男人,不仅仅要在语言上甜言蜜语,逗得老婆容颜不败,还要在行动上,实实在在地帮助老婆成为她自己。

因为婚姻十年、二十年、三十年、四十年后,我们大体从一个女人脸上看到的是她背后那个男人的缩影。

这样的婚姻，最易冷场

（一）

八月十五那天，我去走亲戚，碰到了我大伯家的女儿，她赶来看父母。我们一起长大，后来结婚后，就很少联系了。

但小时候，我们真的很玩得来，走到哪里，别人都会说："你看两个玩双簧的来了。"

我们配合得很默契，一唱一和，一出去很净化空气。

我姐长相特别难看，当然不能因为是亲戚就偏袒她，她满脸雀斑不说，还很胖。但是她特别幽默风趣。

前天一见到我就咋咋呼呼地喊着："妮子，你要逆天哪，以前我记得你长得超丑的，怎么现在长俊了？"

我白了她一眼："你啥时候记得我超丑。"

姐说："你忘记了，你以前一见咱们隔壁那王老二就浑身哆嗦，人家嫌你丑。后来你三番五次叫你父母去提亲，人家都不搭理你。"

我说："你能好到哪里去哇，你都倒贴男方家里，人家不照样把你赶出来。"

姐说："哎呀，人长得丑，是不像话呀。"

我就问姐："姐夫怎么没有来呀？"

姐说："别提了，一天到晚忙，也挣不了几个钱，瞎忙。给人家开大车，要不回账，这不过节呢，我叫他去要账。这一家老小，总得生活吧。"

我姐这些年过得很不容易，老大上了高中，学习一般，又生了二胎，姐夫那人老实沉闷，不爱说话，在外面工作也不爱跟人交往，总是闷闷的样子。

一个月就靠死工资维持一家人的生活，现在住在一个镇子上。

当年拆迁的时候要分单元楼，还是我姐张罗着要分两套，要不然就不搬家。是姐的粗暴野蛮，让家里人分了两套房子，现在跟老人分开住，不像一锅搅在一起很麻烦。

姐夫那人总是糊弄生活。当年分房的时候，姐夫没有出上一把力，还在旁边一直鼓捣姐说："差不多就行了，人家都分一套房，凭啥要给咱分两套。"

姐说："咱家院子新扩张了一大片，也新装修了，怎么能跟别人一样？不分两套，我就不搬。"

后来，终于在姐的死缠烂打下，大队给分了两套房子。

邻居都说这媳妇真的很旺夫，姐总是无奈地说："男人不行，就得自己扛啊，啥旺夫不旺夫哇。"

姐夫那人很少说话，总是低头走路，而且总是一家人在乐乐呵呵讲笑话，他一个人蹲在院子里抽烟。吃饭的时候，也是端个碗在院子里一个人闷闷地吃，不上桌，不讲八卦，不与亲人沟通。

我就开玩笑地跟姐说："姐夫不说话，你们床上怎么沟通啊？"

姐笑笑："你个死妮子，没个正经的。你说哑巴就不生娃呀。生理功能正常就行了。"

可姐夫那人，真的也只能算个生理功能正常的男人，家里啥事都离不开姐。

（二）

后来，我跟姐又聊起了曾经在镇子上给我提过亲的一户人家。

当年那户人家家里两个男娃，都是特别高帅，老二正在读高中，特别能说会道，就是一副油腔滑调的感觉。

但当时的女孩儿特别喜欢这一口，所以，我几乎就像我姐说的，沾不上边就被别的女孩儿给挤瘪了。人家提亲的队伍也是阵容特别强大，我老爱在边上踮起脚瞭望一眼。

人家在一堆没有见闻的女人面前，也包括我，聊一些中外名家，像是鲁迅、郭沫若、茅盾、巴金、老舍、曹禺、冰心、钱锺书、沈从文，聊得头头是道，把一些女孩儿聊得眼冒金星，满眼倾慕。

人家每天晚上是翻牌子睡觉的，我就干等着翻牌子。等了一年，终于等到了我，我激动地去洗了个澡。心想着不会像安陵容一样被撵回来吧？那岂不是丢人丢大发了，一年白等了，一个人有几个瘙痒的青春哪？

洗完澡，我就主动去了他家，走在去他家的路上，我心情时而激动，时而兴奋，时而翻飞。一年哪，我终于为了一个男人而洗澡。

可就在去他家的路上，我被一个黑影劫持了，那个黑影就是我爸，是他让我的牌子永世不得翻身。

我青春的叛逆白眼瞪了他一路，他一个老顽固，永远不知道这个牌子对一个洗完澡的女人来说意味着什么。

他说，这样的男人一辈子骗不死你，而且也不会有出息，好高骛远。

我当时就跟我爸爸吼道："你就知道钱钱钱，你一个丑老男人当然嫉妒一个帅气年轻的男人。"

我爸爸说："就凭你这句话，你们永世不得见面。"

后来我们搬到了市区，真的永世不得见面了，只是可惜了，当年我洗得那么干净，还打了牛奶洗浴液。

我姐说："幸亏你当年没有嫁给他。"

我就问怎么了。

姐说："他家跟我家离得不远，这些年干什么赔什么，不正经干，什么事情都是三天打鱼两天晒网，一肚子诗书有什么用，不踏实。人哪，是什么样的命运，就要走什么样的路，不踏踏实实怎么行。"

我就问："那他媳妇不管他吗？"

姐说："哪里管得住，有时候还把女人带回家。家里生活得很拮据，跟老人住一块儿，两个孩子还在上学，成天跟老婆打架、吵架。"

我说："我当年那个澡洗得好险哪。"

（三）

我有个朋友，她是市区户口，当年恋爱的时候找了一个农村户口的男人，不过这个男人在煤矿上班，一个月工资六千元，年终奖三万。

我们都不看好这段婚姻，因为一个是农村户口，一个是市区户口。好不容易奋斗得出了村，现在又要折回去。

朋友说："干吗要折回去，在市里买房就是了。"

当年我们去当伴娘的时候，她老公把每个亲戚朋友照顾得都很妥善，人很有礼貌。包括我们中间一些不怎么熟悉的同志，他都照顾到了。

好多人频频点头："你老公真好。"

走的时候，她老公还给我们回礼，虽然是点儿小礼物，但这个人在人情上比较通达。

大多数女人爱贪小便宜，就算再有钱的富婆，她都会被一些赠品感动，这就是女人。当时我们一车伴娘都说："这男人真的很好哎。"

结婚后，她老公用第一年的积蓄买了一辆五万块钱的小车子，往返于城乡之间。因为他的工作在乡下。

在这十年里，他兢兢业业、勤奋上进，在业余时间还读研，两年考研成功，提升到机械部经理。八年时间，他们在市区里买了第一套房子。

我跟朋友去她老公上班的地方走访，一路上无论遇到谁，他都很有亲和力，遇到领导也不卑不亢。

他说领导也跟我们一样，经常阿谀的人，虽然领导会用他，但会防着他；老实的人，会让你干事，但说真的，不怎么喜欢，毕竟人人都喜欢奉承自己几句。下属嘛，得对他们不远不近，也得对他们好。

我补充道："所以，你是这里唯一文化不高，但混得很快的人。大智若愚才是王道。"

他笑笑："说实话，我可不知道怎么跟你打交道，写文章那么犀利，我有时候心里还害怕你噢。"

我说："你要是琢磨怎么跟我交往，本身就不对了，随心最重要。"

他老婆笑笑说："说实话，当年有家庭条件好的，但我就是看中他踏实沉稳，一步一个脚印，不好高骛远。"

我开玩笑地说："搞仕途的，一要踏实，二要会说，两者缺一不可。你选对了，你们家男人前途无量啊。"

（四）

单位有个同事，当年别人给她介绍对象的时候，她觉得自己条件好，想找"高富帅"，有一些家庭条件不是很好，但对她特别好的，她都一一谢绝。

不过，她不缺介绍对象的。

后经人介绍，认识一户不错的人家，公公婆婆都是政府公职人员。

家里房子挺大，都住在一起。她老公有个妹妹，也就是她的小姑子。结婚后第二年，小姑子就向娘家来借钱了，想买套四十万的房子。同事的婆婆就让我这个同事先垫付。还说以后会还给她，只是有个定期存款不想提前取出来，把利息给毁掉了。

同事当时就答应了，心想都是一家人了，以后的钱，还不都是她老公的，她老公的还不都是她自个儿的。

这事过去一年了，家里人也没有提起过。

前段时间，她小姑子生了小孩儿，就住在她家，婴儿成天哭哭啼啼，她晚上也休息不好。

她跟老公提起此事，老公也草草打发，说她不懂事，让她将就一段时日。

变本加厉的是，下班后回家没有一口热饭，她还得为小姑子、婆婆公公、自己的儿子以及老公做饭。婆婆跟小姑子却坐在地毯上拿着一堆婴儿玩具逗孩子，她则像个老妈子混在工作和家庭之间。

不知道那算不算豪门，顶多也就是家庭还算可以的，可嫁给这样的家庭，你付出的是什么，一目了然。

前几天她想买车，就提出想要回借给婆婆的二十万，可她万万没有想到的是，婆婆说了一句："那钱不也是我儿子的嘛。"

她就想让婆婆给她打个借条。婆婆跟她儿子说："有这样的媳妇吗？问妈妈要借条，都是一家人，她怎么想的。"

他们夫妻之间为此事最近吵得很凶，老公也不向着她，还说她不懂事。她现在黑眼圈很厉害，晚上总是休息不好，一度想离婚。

她深深地向我感叹："找男人，找的是男人的家教和修养、人品，不是家世。"

我笑笑道："真的是过来人的至理名言。婚姻还是要注重对方家庭最亲的一些人的人品和修养，否则鸡毛蒜皮淹死你。"

她像找到失散多年的组织一样紧紧地抱着我。我拍着她的肩膀道："都是过来人，我懂的。"

（五）

苏芩说过："想让女人始终保持纯真，需要男人很辛苦地担当。再烂漫的女人被生活磨砺多了，也难免横生戾气。没有哪一种生活不辛苦，你能一直天真、万般惬意，其实是辛苦的那部分，我替你扛了——仅此而已。"

生活有太多沉重，需要我们去扛。而嫁给这些男人，注定给你扛不了。

我曾经跟我的朋友说："你看寇乃馨哪，出来永远是笑口常开，是那种发自内心的笑，绝对不是刻意为了录制节目。四十多岁的女人了，还那么貌美如花。"

直到有一天她的老公出来讲话说，当初追寇乃馨费了好大力气，给她买了五十万的钻戒，这些年更是宠着她、惯着她，为她写歌。他的歌《男人不该让女人流泪》里有一句："我愿用生命阻挡任何能伤害你的人。"这些伤害，包括婆婆的伤害、妯娌的伤害、房价的伤害。

如果遇到这样的男人，丑一点儿又何妨？可现实让人遇到的总是一身懒肉、满嘴粗话的男人，还长得丑。

婚姻有这么多不容易，我们想在房价跟琐碎之间保持天鹅般的姿势，老公却跟婆婆一再让我们变成家禽。

都说婚姻是两个人都穿戴整齐、郎才女貌地站在高山上，手指纤纤地指着美景看远方。

其实，婚姻更多时候就是两只装在瓶子里的蟋蟀。

幸好，你没有教养

（一）

这几天，各大媒体都在报道父母状告女儿是"剩女"，三十六岁嫁不出去还"啃老"。

嫁不出去就算了，竟然还"啃老"，父母一再忍让，结果女儿态度越来越差，还对父母恶语相向，甚至大打出手，导致母亲软组织挫伤，家庭纠纷不断。无奈之下，父母起诉大龄"剩女"，要求自己的女儿搬出去。

女儿说，她有理由住下来"啃老"，因为当初分房子的时候，分给了她一间次卧。双方也是因房子的归属问题闹矛盾，从而大打出手。

究竟什么原因让女儿如此蛮横无理呢？陈父陈母说，女儿是独生女，从小就十分宠爱，吃是最好的，玩是最好的，把她当公主养着，女孩子要"富养"嘛，结果导致女儿不懂感恩，认为父母的一切付出都是理所当然。

毕淑敏说，一个女人没有教养就等于是"三陪小姐"。

而这个"三陪小姐"，是谁一手打造的？她生来就是吗，还是基因里就有？如果出现这些荒唐情况，那么父母该思考：你这个第一手操控者，这些年都干了些什么？

我最怕提到"富养"二字了。如今我眼睁睁看着大批父母打着"富养"的旗号，教育出了一个个没有修养的女人。

一个人即使受过教育，但依然有可能是没有教养的，就如一个人是胖子，就代表她是一个有营养的人吗？

教养不是天生的，是靠你从小一饭一粥、一举一动灌输给她良好的品格，而不是见什么买什么的恶习。

现在好多女孩儿看见一个包，买吧，看见一个名牌，买吧，甚至都不考虑是否在自己的消化范围内。

前些时候翻阅一个小册子，提到教养。客人来访，与女主人的老公公唠了起来。老人家听力较差，有时听不大清楚客人的话，于是女主人在旁边提醒客人："我们老爷子耳朵有些聋，你说话得大点儿声。"这话被老爷子听到了，他狠狠地瞪了不会说话的儿媳妇一眼，而客人也在暗笑女主人的"没有涵养"。

一个女人，文化和品德是衡量她的涵养的标杆，而一个大声说话，不顾及别人感受的人，表现的是一种缺乏教养的素质。是从小父母教育不到位，导致今日为人之所缺。

所以，涵养是要有证据的，你说你读了四书五经，你体现在为人处世里呀，也许你背不下那些"为人君，止于仁；为人臣，止于敬；为人子，止于孝……与国人交，止于信"，但涵养就是一种不显山露水的征服。

中国父母曲解了"富养"，把一个个女儿养成了"剩女"。你见过一个真正有涵养的女子被剩下的吗？古代那些真正出身名门、从小饱读诗书的女人，早早地就被踏破了门槛。何患剩下？

真正剩下的，一定有见不得光的瑕疵。

（二）

教养不是一蹴而就的，而是细水长流。

培养一个贵族尚需三年，更不要说一个有知识、得体、不做作、有意志力、有美感、有孝顺精神、有丰富情趣的女子要多少年了。

子女之所以成为今日的"子女"，皆是因你昨日之愚昧。

我在文章里提到过我亲戚有一个儿子，他母亲就是坚持儿女要"富养"，从小走路都背在背上，让儿子度过了八个年头。有什么好吃的，自己从来不舍得吃，都藏起来给儿子吃，家里的什么活儿，统统不让儿子沾手，所有的事情一手包揽。儿子就是一个摆设，慢慢成了她生命里的一个瓷器，摆在那里图好看。

我们说，一棵参天大树，真的是需要从小不断地施肥灌溉、修枝剪叶。儿子光秃秃的，她都觉得比邻家的好看上百倍。只有找对象的时候，女人们会告诉你，你家儿子"不好看"。

直到三十岁，她儿子都没有找到对象。

魅力常常在生活最低处的智慧里，不在容貌里，好多男女都曲解了。所以，后来我们看到的往往是，一个很不错的男人怎么就看中了一个在外貌上与他不匹配的女人？

我亲戚就认为，儿子这么好看，不应该呀，于是四处去求人帮儿子找对象。到了三十五岁，儿子都没有找到对象，就将就地找了一个各方面都很"矬"的女人。

这个女人最"矬"的就是不孝顺，结婚第一天，就把儿子的母亲赶了出去。母亲四处流浪，没有归宿。这甚至成了当地一大新闻。

直到现在我们去亲戚那里，我妈妈都会一遍又一遍地跟她儿子说，要孝顺父母，孝顺是发家致富的根基，一个不孝顺的人，财富不会接近他。

然后，他就一副很吊儿郎当的模样看着我们。

我就跟我妈妈讲：他现在枝枝叶叶都定型了，干吗费那力气教育他，吃力不讨好。

我真觉得，这一切也不能怪她儿子，只能怪父母没有良好的教育水准，没有教育好他。

但有的人就说了，父母都在苟且，哪里有时间去读书、看报、教育你。黄香给父亲暖被窝、凿壁偷光的故事，都是穷人家的故事。不要把一切现有的不美好都归功于生活条件不允许。不喜欢谈涵养的人，从来不喜欢看有关涵养的故事，一个人不喜欢什么，会找出各种推托的理由。

（三）

前几天，上图书馆碰到了一个故人，初中物理老师的女儿。

我上初中那会儿，我的物理老师家徒四壁。明明一个三十五岁的男人，玉树临风，却偏偏穿得跟五十岁的老头子一样。

如果不是他派我们几个班委去他家拿资料，我都不知道在那样一个空空如也、穷无立锥之地的家里，有一间小小的书房跟一架钢琴。

那一刻，在我一生的成长史册上，都很震撼。为了教养他的女儿，他置备了两样人生宝贝。对于一个女人来说，这两样，在风华正茂里，才能有收益。

他的女儿从小读书、弹钢琴，还请的专业老师。

我看过这样一句话，不要羡慕"高富帅"，人家的父辈时代崛起的时候，你的父辈还在沉睡。

记得当时我问物理老师："你一个月工资那么点儿，怎么可以买这么好的钢琴？"

物理老师说："教养这东西，一时半刻都等不得，长大了，你再去教育她，她就不吸收了。"

后来，他的女儿考上了我们城里最好的高中，长得很标致，很有修养。小小年纪总是妙语连珠，笑声幽幽。

直到后来，我们听说他女儿考上了北京一所大学。

"嘿，怎么是你呀。"我拍着她的肩膀，露着二十八颗牙齿，像刚从监狱里刑满释放的人看到了阳光，仰慕着她。

"嗯。"她笑得很轻盈，让我沉醉。

"你还看书哇。"我看了看她看的书，瞬间晕倒，《贝多芬交响曲》。

"是呀，书籍是通往魅力的最佳捷径啊。"她也敞开了笑起来。

我忙不迭地说："是呀，是呀，谁说不是呢，你看你就光芒四射。"

然后，她就说到她现在在美国，暑假回来看父母。她老公也在美国，是美籍华人。

虽然我这人向来傻傻地乐着，很少有什么事能刺激到我，但那一刻，我真的被她电击了。人类最大的痛苦，就是近在眼前的人，彼此很遥远、很遥远。

我内心遭受五百个受伤点，于是很"小人之心"地离开了。

回来之后，她的"谈笑风生"就一直在我脑海里绕哇绕的。后来，我觉得，人的每一步成长和优秀都带着家庭的教育影子和自己的不懈努力。正因为穷，我们才要在精神领域狠下功夫，因为所有的穷，都是精神的穷、理念的穷。你在田里玩泥巴的时候，人家早已经衣袖翩翩地弹着钢琴。

人的每步成长，都有迹可循。

（四）

世界上能颠倒众生的，永远是那种貌美又爱读书的女人。

因为教养永远脱离不了书籍。内心世界有多深，她的魅力就有多深。马克·吐温说，美貌和魅力是两种致命的东西。幸好，不是所有的女人都有教养，要不然男人所剩无几。

有的女人说，我明明读了好多书，怎么就成"剩女"了呢？要真正能体现出涵养，至少需要读十年的书，方显教养的意义。你说你明天找对象，今天读了好几本，有什么用？

作为父母，生了我们，养了我们，是很伟大，但真正的伟大，是在险象环生里教给我们自立的能力和精神给予的能力。

每个虚荣女人的背后，几乎都有一对虚荣的父母；每个炫耀的女人，背后都有一对炫耀的父母；每个剩女背后，都有一对不会教育的父母。

我们现在找老婆，常常找的是"丈母娘"；找老公，常常找的是"婆婆"。因为你是家庭里的模子，模型在你父母那里，模型是正方形，出来大体不可能是菱形。当然也有个例，什么事情都有个例。

记得早些时候看过一期《缘来非诚勿扰》，一个女孩儿长得好看且饱读诗书，追求的男人数不胜数。直到有个"高富帅"千里迢迢去看了她奶奶，她被感动了，牵手成功。

所以，读书就是让你有这样的涵养，先从孝顺着手。当然，一切撩妹技术，都建立在帅上，一般的只能是耍流氓。

如果你被剩下，你就该停下来反思一下。因为一个真正优秀的女人，男人是不会谦让的，哪怕拼了老命也要上，这才是猎人的本质特征。

一位作家说过："一个奇怪的、虚荣心十足的、令人生厌的、不孝顺的女人，我看我实在无法喜欢她。除非在汪洋大海中的一只木筏上，见不到其他粮食的时候。"

愿你不要成为木筏上男人的饿粮，而是成为觥筹交错中男人的美谈。

而这都不是一朝一夕的事情，需要一个家庭甚至一个家族不断努力更新。

天赋仅给予人一些种子，而不是既成的知识和德行，这些种子需要发展，而发展是必须借助教养才能达到的。

你的性格招人烦

（一）

毕业那会儿，我进了一家小公司，办事、为人处世都畏畏缩缩，不知道该如何应对。

公司里有个貌不惊人的姑娘，总是能一眼看出你的慌张，并很贴心地告诉你，财务部在哪里，哪个领导喜欢什么，卫生间在哪里，各个部门的方位和人们的喜好。

我一下子对她有了好感，发自内心的好感。

公司里也有好多姑娘在谈论如何得到同事和男朋友的爱。她们或者刷存在感，或者在朋友圈发自己的自拍照，或者把自己嘚瑟得像明星，走路带风，说话带刺，以期给别人留下深刻的印象。

其实说穿了，好印象就是一种舒服感。

你会觉得跟她相处起来不累，这才是关键。

好多人都觉得王熙凤是个处世老手，能干犀利，老练圆通，但是她这名字一听起来，就让男人闻风丧胆。

林黛玉失去母亲，被接到贾府生活，初入贾府拜见外祖母贾母时，王熙凤登场。只见凤姐拉着黛玉的手，上下细细打量了一会儿，领着她来到贾母身边坐下，笑着对黛玉说："天下真有这样标致的人物，我今儿才算见着了！况且这通身的气派，竟然不像老祖宗的外孙女儿，倒似个嫡亲的孙女，怪不得老祖宗天天口头心头里念念不忘。只可怜我这妹妹这样命苦，怎么姑妈偏偏去世了！"说着，便用手帕擦泪。

这样夸人，听起来是很舒服，但相处起来，你会觉得舒服吗？

明明是个很能干的女人，却不招人喜欢，所以，如沐春风的喜欢，就是相处起来不累，不玩心计。

贾母带着王熙凤等人赏桂花时，偶然说到她小时候鬓角碰伤留下一个指头大的坑儿，差一点儿就丢了命。王熙凤马上接着笑道："那时候如果真丢了命，现在的大富大贵要谁来享呢？可见老祖宗您从小就福寿不小，神差鬼使地蹦出个坑儿来，好用这来盛这福寿哇！据说神仙寿星头上原来也有个坑儿，因为万福万寿盛满了，所以凸出来了。"

这话还没说完，贾母和众人都笑软了。

可这样的伶牙俐齿，又是哪个女人驾驭得了的？

所以贾母叹道："我虽然疼她，但又担心她太伶俐，对自己也不是好事。"

贾府上下都知道，跟王熙凤相处很累。

伶牙俐齿并不能代表你优秀。

（二）

有个同学，家里很穷，毕业十年后，大部分人买了房子，她没有。在一次聚会上，她硬闯在前头，在饭桌上表现出了一副很有钱的架势。

但一桌子的人还是分成了三派，一派是男人中几个聊得来的，一派是私底下就结交甚好的几个女人，另外一派就是她自个儿。

中间她有电话打过来，她很牛气地说："是呀，我们聚餐快结束了，你尽快来接我，到门口哇。"

聚餐完毕，她的车子第一个停在大厅门外，保安一直说不能在这里停车，接她的那个人非要开到门口中间的位置。她为了显摆自己这些年也买了车子，就那样硬生生地把车子停在门口，保安很为难地站在那里等了好久。

其间，我开了一个玩笑："既然有车，就送送大伙儿吧。"她随口说，晚上还有几个聚会，都等着她，一大堆事务缠身。

这样装 ×，真的烦透了。

一个人最好的样子，莫过于知世故而不世故，知装 × 而偶尔装 ×，交往中让人如沐春风，不做作。

（三）

这个年代，人人都喜欢戴高帽。

清代学人俞樾写过一个喜戴高帽的故事，使得这个俗语更加流传。有一个准备去外省做官的京官，临行前去和他的老师告别。老师说："外地不比京城，在那儿做官不易，你可要谨慎行事。"官吏说："现在的人都喜欢听好话，我准备了一百顶高帽子，见人就送他一顶，应该不会有什么麻烦。"

恩师听了这话很生气，训斥他说："我反复告诫过你，做人要正直，你怎么能这样呢？"官吏说："请您息怒，这也是没有办法的办法呀。要知道，天底下像您这样不喜欢戴高帽的人，能有几位呢？"恩师得意地点点头："你的话倒也有几分道理。"

从恩师家出来，官吏对朋友说："我准备的一百顶高帽，现在已经剩下九十九顶了！"

在我身边，就有一个这样老给别人戴高帽的人。

你穿了一件很普通的地摊睡衣出来，被她看见，她都会说："哎呀，这睡衣是真丝的吧，穿在你身上真好看。"你要说这是地摊货，她会立马转弯说："哎呀，你看看，地摊货都能穿出真丝感，这世上就只有你了。"

有一次，她看了我的文章，啧啧称赞，说我赛过得诺贝尔文学奖那个人，说我的文章就是大炖肉，有质感。

你每说一句话，她都三百六十度无死角地夸奖你，戴着这样的高帽我真的很舒服。

但戴多了呢，你会不会累，会不会觉得帽子太沉？

（四）

还有一类朋友。

一个姑娘跟我说，她的闺密只要看她穿上好看的衣服，总会以各种理由挑出毛病。有一次，她明明穿了一件非常好看的 A 领衬衣。她的闺密说了句："你皮肤黑，不适合露肩，而且这衣服颜色不配你。"

这个姑娘是当导游的，总会在车上给游客唱歌，跳舞，说段子。

她这个闺密就说："你唱歌那么难听，就不要再给游客唱歌了。还有哇，跳舞的时候，怎么老觉得你有条腿短呢。说出的段子如果没有逗乐游客，你就不要说了。"

确定这是亲闺密？

我有一个朋友也是这样。有一年，我报了一个街舞班，就在她面前秀了一段。谁知道人家最后来了一句："我觉得星艺舞蹈班那个教练教得好，你在哪里学的？"

这句话明摆着，她也学了，比我学得好，我学得不好，她建议我转校。

可是你知道人家浑身一扎就流出来的炫技热情吗？

所以，我们总喜欢跟那种比较温润，笑起来如沐春风，办事不刻薄的人为伍。

你是如何成功的

好多人都问我，如何提高写作能力和水平。

我回答："多遭人讽刺挖苦就是了。"

我曾经参加过一个聚会，聚会中一个穿戴十分整齐的男人问我："听说你是作家？"

我说："我是作者，一个写者而已。"

他说："听说你家世不是书香门第，而是木匠出身，你父亲是木匠？"

我无言回答。

他又说："木匠的女儿应该是木匠师呀，怎么会是作者？"

我说："我也听说你父亲很绅士呀。"

有关嘲笑我的事迹，我能小心眼儿地写够一个书架。

我曾经去参加一个市里的歌唱比赛大会，还未上台，一个评委就问旁边的人："都说了，挑人的时候要严格筛选。你们是怎么搞的？"

然后问我喜欢唱什么歌曲，我就鬼哭狼嚎地唱了一首《青藏高原》。

评委说："我以为我参加的是一个葬礼。"

我曾经向一个我喜欢的男孩儿表达我的爱慕之情，谁知道他回答我："我不喜欢养藏獒。"

都说女神和女汉子之间隔着的是一段真爱，我觉得隔着的是整个人生。

小时候上学，我跟班长一起迟到，我喊报告，老师说："进来。"班长进去之后，老师嘴角四十五度上扬，说了声："坐下。"我紧跟其后，老师却说："你出去站着。"

我第一次以情窦初开的姿势站了半个小时。

雷锋帮助别人都写了下来，我也帮助了别人，我也得写下来。我帮助什么？我帮助别人极大地提高了自信心哪。

我怕什么，许多名人都是一路被嘲笑过来的，天文学家泰勒斯曾经掉到一个坑里，被人嘲笑："你不是连天上的事情都知道吗，怎么连地上的一个坑都不知道哇？"

泰勒斯说："只有站得高看得远的高远之士，才会不小心掉进坑里，有的人，他本身就躺在坑里，当然不会再掉下去了。"

莫泊桑曾经被一个贵妇嘲笑："说实话，你写的小说毫无生趣，不过你的胡子留得蛮漂亮。你为什么留胡子呀？"

莫泊桑说："是为了让无知的人看到我的漂亮之处。"

你知道的，平庸的人身边多是溢美之词。此刻，有好多人害怕了，当然是曾经挖苦过我的那些人。可他们不知道，我最要感谢的是讽刺过我的人。

刚毕业的时候，我们市区里的交警部门公开招聘一名交警人员，我就去应聘了。

他们要求身高和视力都达标。其中一位负责接待我们的人员白了我一眼："你这个个子，司机过来能看到你吗？你不是维护道路秩序的，你是来捣乱秩序的。"

后来，我又去了一个化妆品柜台应聘，他们经理说："我们需要肤白肌嫩，你看看你，糙里糙气的，能干这行？"

我被别人三百六十度无死角地讽刺过。

就是那句话，人生苦短，我就是要做那个盲目又热情的傻瓜，永远相信梦想，永远不放弃追求，永远把别人的讽刺生吞。

你要相信，吞着吞着，你就强大了。

他们都说我丑，但是美容专家说了：敷够一万张面膜，你就美了。我天天敷面膜，一年三百六十五天，我坚持了八年。

张爱玲说，如果你认识从前的我，也许会原谅现在的我。

我想说，如果你知道过去我有多丑，你就知道现在我有多美。

我现在还用去找工作吗？不用，现在他们出高价让我写软文。许多杂志社纷纷找我签约，许多大号找我签约。我是炫耀吗？当然是了。但曾经我用了八年的时间去读书、写作。

三毛说，你现在的气质里，藏着你走过的路，读过的书和爱过的人。

可我想说，我读的书里，藏着一个蓝脑袋，就是超负荷的阅读，会导致大脑变蓝。每天不停地读书写作，晚上，我要整理出我要读的书，白天我就进入写作状态。我没有休息天，没有节假日，就那样写呀写，读哇读，像一个织坊里的小作坊工。家人都睡了，我还在挑灯夜战，微黄的灯光下映照着我孤独的影子、迷离的世相下，有一颗不屈的灵魂。

咪蒙说，感谢她的前任抛弃了她，让她成为今日的网红。

所以，如果有人挖苦你，那是你值得被挖苦，如果有人嘲笑你，那是你值得被嘲笑。

当有一天你优秀了，你就会被更多人嘲笑。咪蒙说，后台每天都有长篇嘲笑我、骂我的人。

这就是人群的绝情之处，你不能太平庸，有人会笑你；你不能太优秀，有人会嫉妒你。

无论如何，你赢不了世人的那张嘴。

但生命的长廊里，你总该让一些人闭嘴，赶超一些人，当你绝尘千里的时候，你是听不到一些声音的。

免费的都是最贵的

日本作家伊坂幸太郎曾经在《余生皆假期》一书中写道："没有什么东西比免费更贵的了——就是这个，我们一直在用自己的行动向世人传授这个道理。我们会利用对方的罪恶感和感恩之情，逼迫他们做许多麻烦的事情。"

（一）

明明是因为接受"免费"走进的店门，离开的时候我却付了七百块的代价。

有一次，我在五道口闲逛的时候，被一个理发店的小哥拦下，说是今天周年庆搞活动，首席造型师免费为顾客提供美丽建议，机会难得。听到"免费"和"首席"两个词，小市民心态的我便跟着小哥去了那家被叫作私人工作室的理发店。

反正是免费的，怕什么？又不用我花钱。

踏进门后，学徒小弟立马就拉着我，热情地帮我洗了头，随即一个自称某热播时尚节目御用造型师叫 Kevin 的人开始给我提建议，我就像个啄木鸟一样一直点头，之后那个 Kevin 就开始帮我修剪。我以为都是免费的，但剪到一半的时候我还是问了一下，没想到，得到的回答竟然是剪一次七百块。当时真是既生气又心疼。

一开始，我以为自己幸运赶上了周年庆，后来才发现那家店天天周年庆。

（二）

能用钱解决的事情都是小事，人情偿还的成本才是最昂贵的。

我们大多在什么情况下会欠下人情？别人免费帮你的时候。

朋友读的师范类院校，大四的时候需要找一份学校里的实习，她妈妈的同事帮她找了一份在小学的实习。因为那个叔叔说什么也不接受她的感谢礼物，所以朋友就说了一句"以后可以帮助弟弟辅导功课"的客气话。

结果就是因为这句话，朋友就帮那个小孩儿做了四个月的辅导，有时候那个叔叔家没大人，干脆就把小孩儿送到朋友家去，一待就是一整天。重点是那个小孩儿还不是一般淘气，经常弄得鸡飞狗跳的。

尽管朋友后来叫自己的爸爸请那个叔叔吃饭还送了酒，当是还了人情，但那个人还是理直气壮地继续把自己的小孩儿往她家里送。

谁都不想对别人心存亏欠，有时候我们为了还清所谓的人情债，往往需要付出超出想象的更多劳动，或者金钱。

有时候你认为人情还完了，可对方不一定这样认为。

（三）

网络游戏进入的门槛是非常低的，大多是免费注册，可以随便玩的，但是当我们玩上瘾之后，后面的事情就不可控了。

游戏迷同学说，游戏最大的魅力就在于可以持续打怪升级。为了更高的目标，我们会为了购买游戏装备而不断烧钱，为了购买更高级的硬件设备烧钱，甚至为了去观看游戏的现场比赛解说而烧钱购买门票。

（四）

这些年，我们吃过的所有大亏，都是因为接受了那些免费。

有些人喜欢在网上看免费的电子书，却因此付出了非常多的搜索时间，视力也下降得更快；有些人偏偏喜欢在网上看免费的盗版电影，等花了好大劲后才发现，下载好的竟然是《桃花侠大战菊花怪》；今天有人请我吃了一顿免费的丰盛晚餐，但是之后我又要花超过那顿饭价格的更多力气去减肥。你以为那些免费是占了便宜，其实不然。有一位和我素未谋面的马爸爸就曾经说过一句极其有道理的话："免费是最贵的。"

的确，我们要时刻谨记：免费才是最贵的。

纬度不一样，美丑不一样

单位有个小 C 姑娘，嘴甜人美，勤快好动，乐于助人，又大方，我们常常出去逛街，她总是先掏腰包；有我的快递，她总是先给我签收下来，第一时间交给我，并帮我拆包，告诉我邮购的衣服美爆了，胸衣性感得不要不要的。

总而言之，她就是我喜欢的那种姑娘，不矫情，不做作。

然后，我听同事 Q 说，C 姑娘这个人哪，很作，而且不厚道。我就问怎么了，Q 抱怨道："有一次，我叫她去财务把一个单子给尽快报销了。你猜她说什么？她说，财务部的门开着呢，自个儿去哇。"Q 同事接着说，"而且她这个人特别自私、小气、爱作。"

看《欢乐颂》里，在曲筱绡眼里，樊胜美就是一个太 low 的人，作女，又穷又装，不真诚，不靠谱。但在安迪眼里，她只是虚荣而已，圆滑却并不世故。她并不是一无是处，待人真诚，为人仗义，不斤斤计较，这些都是她的闪光点。难道说我们没有虚荣之心吗？难道因为虚荣我们就必须面对恶语相向、冷眼旁观吗？如果这就是因为虚荣所付出的代价，未免也太大了吧。

樊胜美哭得那么痛彻心扉，她说："在上海这座大都市，我也想拥有自己的一个户口，我也想有一席之地，可这些年，我没有。为了这个支离破碎的家，我付出了很多，我羡慕安迪，我也是女孩儿，也希望把自己打扮得光鲜亮丽，我只有不停地把男人送给我的真包送到二货市场。我也羡慕你们背着名牌包，可我什么也没有。"

在这一刻，曲筱绡眼里的樊胜美是另外一番模样，变了一个人。

《天龙八部》里，阿紫原来大概只喜欢一种男人，要像她的师父、师兄那样阴险狡猾、心狠手辣、六亲不认。

"我有天下无敌的师父"，类似的话，这姑娘常常挂在嘴边。

其实师父、师兄对她一点儿都不好，没有爱，没有温情，一不顺心，就可以像捏死一只鸟儿般要了她的小命。

然而对于这种恐惧，她早就习惯了，并一点点转变成艳羡和崇拜。她看男人只有一种视角：要么是施暴者，要么是羔羊。

其他种类的男人，另外一些男性的品质，比如宽厚、豪迈、勇武、温情……她统统欣赏不了。

乔峰刚出现的时候，在她眼里，是"粗鲁难看的蛮子"。

直到那一晚，小石桥上，雷声隆隆、大雨倾盆。

阿紫躲在桥下，看到乔峰像一匹中枪的孤狼，抱着阿朱痛哭，那一瞬间，她忽然爱上了他。

金庸说，当时漆黑的天幕上，"一条长长的闪电过去，宛似老天爷忽然开了眼一般"，阿紫的心里，也像忽然打开了一双眼睛，仿佛上天赐予她一枚棱镜，将苍白化出五彩。

原本目光狭隘的她，只欣赏丑恶的她，忽然多了一个视角，具备了欣赏另一种男人的能力。

一个雨夜跪在石桥上痛哭的悲伤大汉，放在过去的她眼里，是二货、是傻蛋。

但在此刻的阿紫眼里，那个人忽然有了致命的吸引力。

她心里默默对乔峰说了一句话："你不用这么难受。你没了阿朱，我也会像阿朱这样，真心真意地待你好。"

有的时候，多一种视角，能看到以前所不懂的美好事物。

只有一种口味，只带一种视角，看世界的维度就低了。

就像旁人看田伯光，只看出来"淫"，唯独令狐冲的双眼看过去，能看出"仗义"来。

同样，旁人看令狐冲，只看出来"胡闹"，可风清扬的双眼看过去，能看出"率性不羁"来。

多一个视角，多一双眼睛，能看到从未见过的美丽。

我曾经结识过一个自己经营生意的老板，每次几个人一起出去，他都表现得特别豪爽，而且每次都主动掏腰包，人特仗义，有一种水浒之士被遗漏在民间的感觉。

可他的朋友 J 跟我讲了他的故事。在一次几个人玩麻将的时候，不知道谁多出了二十元，这个老板就私自揣入了自己兜里。事后，才发现这二十元是J多出的。J补白了一句："他并不像看上去那样大气。"

我当时就笑了，不是看上去那样大气，难道埋单都是你埋的？

看人的纬度不一样，别人的样子就不一样。譬如，李师师在别的男人眼里就是一个妓女，在宋徽宗眼里就是一个色艺双绝的才女。

在世人眼里，嫫母是个奇丑无比的女人，可在黄帝眼里，她就是镜子的发明者，对她视若珍宝。

好多人，只是呈现了他的一个角，有句名言说得好："生活不是缺少美，而是缺少发现美的眼睛。"

一个男人家教很重要

先讲一个有关我朋友离婚的故事。朋友离婚后，已经四十岁了，还带了个孩子，经过别人的介绍，她认识了一个三十岁的小伙子。小伙子长相还不错，就是家境很穷，一直拖到现在还没有合适的对象。

两人见面后，互相留了联系方式。两个人由于急于抱团取暖，匆匆走到了一起。

朋友以为她赚了，自己带了个孩子，还能找到"小鲜肉"。

小伙子家里没有房子，常年在外面租房子打工。发生了关系后，朋友就让小伙子住到了自己家里。

朋友离婚后，前夫留下了一套房子、一个饭店，还有一笔不大不小的存款。

两人住一起后不久，饭店的生意就由小伙子经营，朋友在家一心一意带孩子。经营了半年之久，饭店生意越来越萧条，小伙子就说想把饭店转让出去，打算开个其他店面。

朋友看生意不好，也没有多说什么，就由小伙子一手办理了。

饭店转让出去后，小伙子说想开个大型的理发店，需要人手跟劳务费，方方面面的，还需要一些钱。朋友二话没说，把前夫留下的十几万给了小伙子，让他干事业。

小伙子说要去外地学习，之前虽然学习过有关理发的事项，但害怕时间久了，不时尚，要学习一些新的理论知识。

朋友也没有多说什么，就答应了。

去了很久，小伙子也没有打个电话回来，手机也关机，她就问了他的朋友。

几番周折，还是找到了小伙子，他根本就没有去什么外地学习，而是在外面包养了别的女人，吃喝玩乐。

朋友就让小伙子把所有的钱还给她。这个时候的小伙子哪里还愿意呀，他气势汹汹地看着朋友："即便离婚，婚后财产你也得分我一半吧，再说了，我还没有问你要青春损失费呢。"

这件事情对朋友打击特别大，整个人看上去明显老了十多岁。

越是贫穷出身的人，在金钱的衍生物带来的诱惑下，定力越是不足，他越是想展现给人们一种纸醉金迷的生活状态。

另外一个朋友，当年结婚的时候，父母极其反对，因为她家里条件还不错，男方家里条件很贫困。

父母甚至拿着棍棒打她，说："只要你敢嫁，我们之后就不要相认。"

姑娘偷了家里的户口本，私自定了终身。

结婚后，重重问题就来了，总不能回农村吧，只好在城市里租了房子暂且住下来。男人去找工作，高不成低不就的，男人自尊心又大，找了两个月没有找好。朋友只好去工作，养着他，等他慢慢找。

朋友找好了工作之后，男方家里要装修房子，他们原先是住山上的，现在全部要拆迁，搬到山下来。

村里只给了一个地基，所以整个大工程都得自个儿弄，新房子装修下来得八万到九万块钱。

不装修，一家人都挤在男人的姐姐家里。姐姐家里也不宽裕，朋友只好硬着头皮回自个儿家里开口向父母要钱。父母看着闺女也消瘦不少，酷暑难耐的还天天在外面打拼，就借给闺女三万块钱。

七拼八凑之后，房子装修好了。这之后，朋友怀孕了，这个时候，男人说了一句什么呢？他说："咱们现在生活太拮据，要不然先打掉孩子，等以后有了钱再要孩子。"

朋友只好答应了。去打胎的时候，医生说："这第一胎无论如何不能打，你的身体也不好，如果第一胎打了，以后怀孕可就是个困难事了。"

当时那男人想都没想，就说了一句："大夫哇，打了吧，以后我们自己的事，自己再考虑。"

打完胎之后，朋友就一直在自个儿家里住着，由自己的妈妈照顾着。

男人就去外面找工作，却一直不顺利，找不到好工作。男人自尊心强，也不想去丈母娘家里住，就自个儿住在租来的房子里面。

闺女的母亲留了个心眼儿，跟闺女说："你们这样分开也不像话，晚上你回去吧。"

朋友就回去了，令她万万没有想到的是，在他们的床上躺着的是另外一个女人。

男人当场就给朋友跪下了，抱着朋友的腿苦苦哀求："我也是苦闷，工作找不好，要啥没有啥。"

朋友说："你要啥没啥，我抱怨了吗？我嫌弃了吗？我还不是嫁给了你。可你居然做出这样对不起我的事。"

后来，在男人的软磨硬泡、甜言蜜语下，朋友原谅了她老公。

朋友很快又怀了二胎，她的老公依然坚决反对这么早要孩子，要打掉孩子。

朋友无奈，只好又去医院把孩子打掉。

打掉这个孩子后，朋友的父母不同意了，这次坚决要女儿跟男人离婚，并说："一个男人可以没有钱，但不能不疼爱老婆。"

朋友的父亲说了一句狠话："穷人之所以穷，就是因为人品不好，老天爷都不给他发财的机会。"

离婚的时候，朋友的父亲提出要把借给男方的三万元装修费要回来。谁知道男人说："离婚可以，但钱是不会还的。"

朋友的父亲当面指着男人对他的女儿说："看到了吧，用血的教训告诉你，穷人穷在哪里，为什么穷；富人富在哪里，为什么富。"

一个男人没有担当，没有责任，他就担不起财富的担子；一个男人放不下自尊，连丈母娘家都不愿意踏足，他就无法立足。

我们总说，一个男人无论穷富，只要对他的女人好就行，可富在哪里，富在家教，穷在哪里，穷也在家教。没有富裕的生活保障，何谈家教。

一个有家教的淑女，是从来不炫耀自己的名牌包包、名牌首饰的，从来不炫耀自己读过什么书，去过什么地方。

那么，一个有家教的男人，就该从来不摧毁女方的身体，从来不拿女方的一分钱，得体地面对自己生来所有的一切贫困，从而尽量去改变它。不和富家公子哥比睡女人的数量，不纸醉金迷。觥筹交错是生活，一饭一粥也是生活。

做一个不势利的女子

有一次，我参加同学会，碰到了 C 小姐。她穿着足足十厘米高的高跟鞋向我走来，挂满金银首饰的胳膊拍了一下我的肩膀："嘿，小蔓！"

还未等我把整个身子扭过去跟她打招呼，她已经迫不及待地介绍起自己的满身名牌。

"丹比奴——"她问，"你听说过吗？"然后手指在空中划了一下，"肯定没有。金姬美，你听说过吗？"然后脸上绽开最大限度的弧度，"你肯定没有。"

然后，指着窗外的车子："保时捷，刚买的。"

在这十年的时间里，有关 C 的传说有好多版本，被包养、去了韩国、嫁给了一个四十多岁的中年男人。

后来，听说她人工流产好多次，到现在，我们都有了家室，她还没有一个稳定的家庭。

曾记得上学时候读的莫泊桑的《项链》，一个勤劳同时也贫穷的女人，为了体面地参加一次宴会，向一个富有的朋友借了一条钻石项链。

她觉得世上最教人丢脸的，就是在许多有钱的女人堆里露穷相。

但是不慎弄丢了项链，她十分懊恼，心里很惭愧，决心努力做工还上丢失项链的这笔钱，等到十几年以后，她终于赚够了这笔钱，朋友却哭笑不得，告诉她这只不过是一条假的，所以丢了也无所谓。原来辛苦十几年，结果竟是如此荒唐。

她觉得她如此漂亮，不该待在穷酸的地方，她觉得漂亮的脖子上就应该是奢华的项链。

可是最后，她丢了人生，竟还浑然不觉。

我认识的阿美刚刚毕业便被包养，她可以每天买自己喜欢的东西，眼睛都不眨一下。

她用陶醉的姿态舞着，用兴奋的动作舞着，沉醉在欢乐里，满意于自己的容貌的胜利，满意于自己的成绩的光荣，满意于那一切阿谀赞叹和那首使得女性认为异常完备而且甜美的凯歌，觉得一种幸福的祥云包围着她，所以她什么都不思虑了。

她甚至觉得人生的所有走向都是被包养的快乐。

直到后来包养她的人不再包养她，她只剩下金银首饰的时候，她才觉得人生就是一场赤裸裸的玷污，玷污了青春，玷污了未来。

她们的人生是迷路的。

我们一起写公众号的几个人里面，有一个姑娘，刚刚毕业就去了新加坡、美国等几个国家。我问她："你小小年纪哪里来的那么多钱哪？"她说："我二十岁就出了人生的第一本书，开始在网上赚钱，不靠家里了，每个月还会给父母寄钱。"

这些年，她不断旅游，不断写文，不断出发，不断出书。

也许她不会挥金如土，但花的每分钱都踏踏实实；也许她不会买一个上万块钱的名牌包，但她的生命是如此绚烂。

我们常常会为了名利迷失自己的青春，可有的姑娘，在青春的路上，走得那么坚定，那么迷人，一步一步都走出了自己的能量。

女人最好的年华，不该是一场又一场的肉体交易，它该在路上，也许有泥泞，但它是财富，也许有泪水，但它是金银。有一天，全部会兑现一个华美的自己。

人来人往、车水马龙里，做一个不堕落、不势利的女子，不伪装自己，不让自己债务缠身，总有一天，你的精美会让尘世看见。慢慢地，你会发现，总有这么一天。

爱他，就使劲作他

（一）

"双十一"购物的时候，听两个服务员在一边聊天。其中一个女人长相显老，面容憔悴，也就是三十五岁左右的样子，跟另一个服务员抱怨说："昨晚没有休息好，看电视一直看到0点，生物钟就过了，后来怎么也睡不着，4点多刚迷糊着，老公5点下班回来，又起来给老公做了点儿早餐，紧接着给儿子做早餐。"

另一服务员问："你每天都5点起来给老公做饭吗？"

这个女人说："他上班就是这样啊，每天早上5点回来，不做怎么行？"

另一服务员说："你让他自己做，凑合点儿，中午你再给他做就成了嘛，非要起那么早，女人的皮肤哪禁得起那么起早贪黑的，老得很快。"

这个女人说："咱们这个年龄还谈什么肤色，上有老下有小，中有老公，哪个不得伺候，还不能有半点儿马虎。一个伺候不好，就不满意了。上次，我婆婆让我给她买件过年的衣服，网购回来，说颜色不好，又调换，换回来又说样式是不是太老，又调换。穿了两天了又说，穿着太紧。"

另一服务员说："你就是脾气太好，太传统了。现在像你这种媳妇，真的，打着灯笼都找不到了。"

我看那女人一眼，又不是国色天香，怎么就打着灯笼也找不到，而且肤色黄得跟刚刚从蜡像馆里出来一般，眼圈发灰，灰得跟刚熄灭的炭火一般，常年累月在抄袭昨天那种冷淡的生活。这样的女人，被叫作打着灯笼也找不到？

如果是范冰冰，那才叫打着灯笼找不到第二个。而这样的女人，在我身边一抓一大把。

（二）

有一年，我跟一个朋友商量好了，要去旅游。

第二天，旅行社的车要提早走，因为路途远，5点半就集合。

到了5点半，人都到齐了，朋友还没有来，导游就让我催催朋友，我就打电话给朋友，问到了没有。朋友在电话里说："我还在路边打的，现在天这么黑，哪里有车呀？"

我在电话里就急了："人家旅行社的车是为你一个人准备的吗？你就不能让你老公送你来，你家的车是贡品吗？"

她在电话里也急了："我老公要睡觉，打扰了他的觉怎么办？他又爱睡。"

我就急了："一顿不睡，能咋地？能咋地？你瞧瞧，一车人都在等你，旅行社的车都要赶点，你迟到了，他们就会取消一个景点。你现在怎么样了，有车了吗？"

当朋友到的时候，已经6点半了。

因为朋友耽搁了时间，旅游的人又都不愿意省去一个景点，那天就到了晚上10点才回家。

快要解散的时候，我就打电话给老公，让他来接我，朋友就问："让你老公顺便送送我呀。"我就问："你老公怎么不来接你？"

她说："这么晚了，我怕老公睡着了，打扰了他。"我就呵呵了："你老公的觉可真是皇帝觉哇。"

据我所知，她的老公并不是很心疼她，她平时给老公打电话，让老公做一些力所能及的事情，她老公都会说："你还以为你是刚嫁过来呀，都老媳妇了，还娇惯自己，自个儿去弄吧。"

女人是用来疼的，那些经年累月不去用老公，甚至男人已经尝惯了不被用的美妙甜头。久而久之，她得不到男人的温情，就会"穷山恶水出刁民"，性情会慢慢地刁蛮起来。

有位作家说："男人是用来干吗的？是用来用的，你不用，自然有别的女人用。"

有好多女人跟我抱怨，自己的老公在家里不干活，比猪还懒。可自己从未意识到，自己就是养猪大户。你的饲料总是营养丰富，它吃上就去睡，理都不会再理主人，如果你总是让它处于一个半饿不饱的状态，它看见主人就嗷嗷叫，才会像亲人一般。

（三）

单位里有个同事，四十岁开外，人很善良，是那种居家过日子的好女人。

每次，她老公要来单位接她，她都说：不用了，我徒步到你单位，一来省得你麻烦，二来省油，三来锻炼。

有一次，我跟她去逛街，那天刚好是礼拜天，她大包小包买了很多，还买了一袋大米。

那架势，她一肩膀扛了一袋大米，另外一只手提了两个袋子。虽然流行"女汉子"，但是不是有点儿过了。当然，如果让我帮忙，我的建议就是打车回去，或者叫她老公来提，女人逛街不是来扛大米的，是来买化妆品跟衣服的。

更过分的是，每天中午，如果她跟老公一起回家，老公回到家里会没有一口热饭吃，所以她要提前回家做饭，等老公回去时刚刚好开饭。

所以，中午她是不坐老公的车回家的。哼，这个点，刚好，是她老公送单位里其他同事回家的点，在车上可以来点儿打情骂俏，也是有可能的。

因为单位离得不远，当我们一帮人路过的时候，她老公副驾上坐的是打扮妖媚的女同事。

干吗不坐老公的车回家呀？中午饭点耽误了，可以两个人一起下厨房啊，多有情趣蛙，她家孩子上高中，食堂有饭，中午又不需要给孩子做饭。

除了给孩子的爱是伟大的、不计回报的，给男人的爱那么伟大，省下时间让他偷腥吗？

每个美少女背后都隐藏着一个体恤她的"糟老头"，每个帅哥背后都隐藏着一个含辛茹苦的"糟老太"。

（四）

毕淑敏有篇文章写得非常好——《女人什么时候开始享受》。

我们所说的享受不是一掷千金的挥霍，不是灯红酒绿的奢侈，不是吆五喝六的排场，不是颐指气使的骄横，不是珠光宝气的华贵，不是绫罗绸缎的华美，不是周游列国的潇洒，不是管弦丝竹的飘逸……

我们所说的享受，只不过是在厨房里单独为自己做一样爱吃的菜，在商场里能专门为自己买一件喜欢而从来不舍得买的衣服，只不过是能和儿时的朋友无拘无束地聊聊天，不用频频看表，顾忌家人的晚饭和晾出去还未收回的衣衫，只不过是能安静地看一本书，或者能尽兴地看一部电影和听一场音乐……

而这些享受仅仅是正常人最基本的生活乐趣，只因为无数的女人已经在劳累中忘记了自己。

抱着婴儿，煮着牛奶，洗着衣服，女人用沾满肥皂水的双手擦着头上的汗水，在心里对自己说："现在孩子还小，等孩子长大了，我就可以好好享受了。"

孩子渐渐长大了，要接送幼儿园，女人挽着孩子买菜做饭，单位里的工作还不能落在别人后头。女人整天忙得昏天黑地，忘了日月星辰。女人看着玩耍的孩子，在心里对自己说："不要紧，等孩子上了学就好了，我就能松口气好好享受了。"她们不知道皱纹已经悄悄地爬上了额头和眼角。

孩子终于上学了，为了能把孩子培养成一个优秀的人，为了让孩子上一个名牌学校，女人陷入更频繁的忙碌中，她们整天像一个陀螺那样，转动于单位、家、学校、菜市场以及各种补习班、培训班之间，孩子和丈夫是庞大的恒星，女人则永远是围着恒星旋转的行星。

夜深人静的时候，女人吃力地伸展着自己酸痛的筋骨，在心里疑惑地问自己："我什么时候才能停下来无牵无挂地享受一下呢？"

老了，可以享受了，可惜此时，女人的头发已经失去了光泽，牙齿已经开始松动，皱纹已经无法再掩盖，走路已经难以轻快，没有了好胃口，开始频频进出医院。女人羡慕地看着街上青春靓丽的姑娘，以及商场里美丽、时尚的衣饰，疑惑了……

（五）

享受当下，并不是要你变得自私，而是懂得爱自己。

好多女人，到了四十岁被男人抛弃，因为她们不懂用男人，其实男人越用越勤快，越知道你的不易。

正因为现代好多女人太能扛，最终漏光了自己。

　　女人是要被呵护，被疼着的，这样的女人越来越有女人味，当然，如果身边没有男人，她们亦可以独立、坚强、耐摔。

　　女性的光芒，是疼出来的，是自己修炼出来的，而不是操劳出来的。

　　女人的苦水千奇百怪，最常见的一种就是中年时的家庭危机。我们可怜巴巴地想把对方挽留，可手腕仅限于手头的陈词滥调。

　　要舍得用你的男人，男人用不坏，却能闲坏。

　　不要做亡羊补牢的蠢事，到了中年，一边补牢，一边叹息自己喂壮喂肥的羊跑了，那种辛酸，只有一个养羊的人才能体会，因为她除了一座自己的"牢"，就是那堆残留的羊毛。

　　男人也不要为女人的这种甜蜜折磨而抱怨，因为这种折磨，正是对男人好色本性的谆谆教诲。

不要把光阴扔在不值得的人身上

单位里，每年都会有新进的实习生，在这些实习生里，有个姑娘叫小敏，因为家庭一般，毕业于一般大学，在城市里租的房子，每个月还要支付房租费，一个人生活得挺不容易。

她每天都会在公司忙到很晚很晚，有时候不属于她分内的事，她都会干完再走，以此来赢得别人肯定的目光。

有的老员工，特别势利那种，常常会把不属于小姑娘干的活儿强加给人家。有一次，一个老员工让姑娘去把上个月出差的报销单给财务部报销。

那次正好财务部小静请假，没有报销成。老员工就把单子夺过来，并递给姑娘一个白眼："干啥都干不成，好吧，你下楼去给我买一杯热饮吧，这几天我来'大姨妈'不舒服，记得加糖啊。"

姑娘就转身问别的员工要不要带什么上来，然后不同的声音就来了：给我带一杯卡布奇诺，给我带一杯养颜蜂蜜茶，给我带一杯……

姑娘气喘吁吁带上来的时候，正好被领导看到，训斥了小姑娘一句："是让你来买饮料的吗？"

小姑娘整天都很委屈。

下班的时候，梅喊我去楼下吃午饭，提到那个小姑娘，说了一句："刚上班，也许太想讨好每个人，结果每个人都不领情。"

小姑娘不懂人性、人性之贱，是人之常情。你以为一张阿谀的脸能换来你想要的生活，可往往这就是你失去自我的时候。

我另外一个朋友在调度室上班，因为她们是轮休，有时候会轮到她上夜班。上夜班是最毁皮肤的，她们班上刚刚来了两个小姑娘，那个排班的人也会经常被安排到夜班，就心生一计，看看两个小姑娘哪个更好用，就让她多上夜班。

当然我这个朋友是不会被多排夜班的。第一，她干了多年；第二，有不合规矩的，她定会指出来；第三，她会找领导。所以排班的那个人轻易不会招惹她，会按规矩给她排班。

可怜了那个小姑娘，我的朋友跟我说："连上三个夜班，小姑娘的皮肤再好也禁不起折腾啊。"

我就问朋友："她怎么不跟那个排班的商量一下，这样下去怎么行啊，是常年在那里上班，又不是一年半载的。"

朋友说："这个姑娘是个好说话的主，脾气好得很，一般别人问出的事，她都会答应，但常常在微信朋友圈里骂。她以为她退一步，别人就会退一步，其实，她退一步，别人才有机会进一步，这叫得寸进尺。"

去年暑期，我去学驾照，一个车上有二十多号人，在炎炎夏日里等。有个女人，虎背熊腰，肚大腰圆，很会跟教练套近乎。刚开始的时候，教练会在现场，后来教会了我们，就由我们自个儿练习。

然后教练把车子交给肚大腰圆的年龄大些的女人，就走人了。因为人多，差不多每个人上车转上一圈，整个上午就完了，有的人还排不上。那个肚大腰圆的女人就会霸着车转上两圈。尤其是下午，会转三圈，有的新学员根本练不上，一下午就结束了。

好多人只背地里骂娘，然后在那里苦苦等待。

其中一个女学员就开始跟她撕："凭啥你要转三圈，你的时间是时间，我们的就不是吗？你这样下去，我不答应。"

后来，那个肚大腰圆的女人转完了圈，就会把车子先让给这个跟她撕的女人。

跟她撕的那个女人很快就把驾照学了出来，其他的人都熬了好几个月。

人性就是一个弹簧，你强它弱。好多人以为圆滑能立世，殊不知，没有一处人情不需要花大量时间和精力去维持，而最后往往并不能给人带去预期的效果。因为这个世界人性不一，你讨好不了每一个人。

一个女人，就应该不卑不亢、不蔓不枝地处世，最后才会香远益清。

不是所有的人事都需要去维持，不是所有的人情都会费时，最后，你维持回来的可能是一堆生锈烂铁。

在人情上，你只要做到不阿谀奉承，不攀附，不卑不亢，就行了。

不要让别人成为你沉重的彼岸，有时候你终其一生扬帆，只是成就了别人的航向。人生的轻松，就是能在这个喧嚣的尘世，不用献媚于谁，也不必跟谁说讨好的话。自己活得好看，才是重点。